打造理想的家

一物多用
空。间。设。计

漂亮家居编辑部 著

江西科学技术出版社

目录

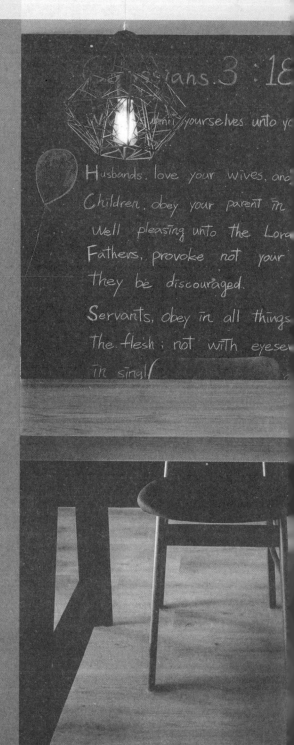

设计公司名录

Loft29 collection 02-8771-3329

十一日晴空间设计 0963-328-377

六相设计研究室 02-2796-3201

大湖森林室内设计 02-2633-2700

大雄设计 02-8502-0155

亚维空间设计坊 03-360-5926

森境&王俊宏室内装修设计工程有限公司
 02-2391-6888

甘纳空间设计 02-2312-3452

成舍室内设计 02-2507-2578

邑舍设纪 02-2925-7919

奇逸空间设计 02-2752-8522

尚艺室内设计 02-2567-7757

明楼室内装修设计 02-8770-5667

漫舞设计 02-2577-2055

杰玛室内设计 0975-159-798

相即设计 02-2725-1701

摩登雅舍室内装修设计 02-2234-7886

馥阁设计 02-2325-5019

怀特室内设计 02-2600-2817

近境制作 02-2703-1222

丰聚室内装修设计 04-2319-6588

绝享设计 02-2820-2926

Z轴空间设计 04-2473-0606

鼎睿设计 03-427-2112

宽月空间创意 02-8502-3539

纬杰设计 0922-791941； 0982-855813

CJ STUDIO陆希杰设计事业有限公司
 02-2773-8366

瓦悦设计 02-2537-6090

法兰德室内设计

桃园 03-379-0108 台中 04-2326-6788

白金里居室内设计公司 02-2362-9805

大器联合建筑暨室内设计事务所 02-2500-0769

力口建筑 02-2705-9983

演拓空间室内设计

台北 02-2766-2589 台中 04-2241-0178

纪氏有限公司 02-2551-1501

界阳&大司室内设计 02-2942-3024

形构设计 02-2834-1397

子境空间设计 04-2631-6299

天空元素视觉空间设计所 02-2763-3341

好室设计 07-310-2117

珥本设计 04-2462-9882

开物室内设计 02-2700-7697

尤哒唯建筑师事务所 02-2762-0125

1

墙面

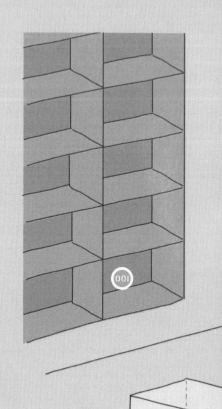

001

墙面 + 收纳

001 木隔断
应沿龙骨固定柜体

由于木隔断是由纵横交错的龙骨制作而成，中空处会塞入吸音棉，再以夹板封住整体墙面，若在中空处打入钉子，则无支撑力。因此在装设柜子时，要沿着龙骨打入钉子，钉子宜选用具有支撑力的拉钉，才能有效固定。

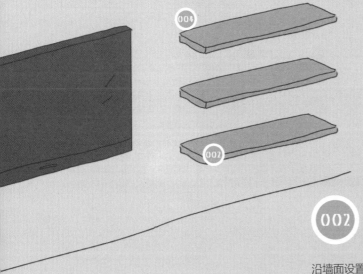

002 沿墙面设置层板

沿墙面设置层板不仅能做出足够的收纳空间，无背板、门扇的设计，让柜体看起来更轻盈，还能让书籍、物品也成为装点空间的饰品。

003 安装旋转五金，电视墙也能两用

安装旋转五金不仅能让电视机 360 度旋转，而且如果在事先规划好线路或是采用背面结合柜体的设计，电视墙就是两用的，让生活更为便利。

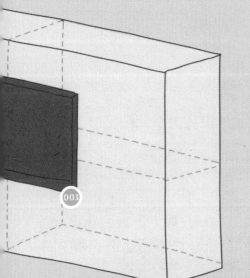

插画绘制：黄雅方

004 钢制层板要用焊接或植筋固定

钢制层板的厚度薄，必须用焊接方式固定，因此比较适合施作于砖制隔断和钢筋混凝土墙。如果墙面为轻钢架，在立龙骨时要先做横向结构的加强，再焊接层板加以固定，这样才能牢靠稳固。

◎ **施工细节。**悬浮于壁面的书墙采用固定件预埋的方式增加其承重力，再结合书架主体，创造出铁件嵌入石材壁面的细腻感。

◎ **尺寸建议。**书架以错落的层板加上周围开放式的设计，方便容纳不同尺寸的书籍，其中的弧形线条能柔化铁件棱角分明的生硬感。

005

005
造型书架让藏书成为艺术装饰

整体空间皆采用冷静的黑、白色作为基调，邻近客厅的书房墙面，以纤细的铁件设计出独特的造型，为空间勾勒出现代感的墙面装饰，同时展业主的生活轨迹。
图片提供：森境&王俊宏室内装修设计

006
10 米超长收纳电视柜

从大门进入客厅后，就是完全开放的长方形厅区，用材质、家具、超长白色电视墙面，甚至楼梯的锯齿线条延伸，营造一种游刃有余的氛围和气韵，而不是以功能为主要考虑条件。
图片提供：相即设计

007+008
电视墙也是餐厅收纳柜

客厅、餐厅间使用不对称的电视墙间间隔，左顶天右立地的设计，看似不平衡，却能在设计师专业规划下，让两个成年人爬上去都没有关系。看似轻巧的墙面，侧边设置影音机柜层板，后方则是收纳柜，是一件能够 360 度欣赏的居家艺术品。
图片提供：白金里居空间设计

【墙面】 收纳

006

◎ **尺寸建议。**由大门延伸到底的收纳墙面长度为 10 米，里面暗藏各式鞋柜与收纳柜体。为了降低单一小块电视荧幕的黑色突兀感，设置 3 米黑色展示架作为平衡延伸带。

◎ **施工细节。**在 10 米的纯白壁柜上下凿出 25 厘米宽的缝隙，不顶天不落地，避免压迫感的同时，也令平面柜体立体许多。

007

008

◎ **材质使用。**电视墙采用特制铁件和木制
材料组合而成，外观采用稳重的灰色喷漆，
后方层板则是黑玻材质，细节处让整体质感
提升。

009
圆弧造型木作隐藏收纳

通往客厅的通道上有厚梁、粗柱阻挡，不仅不美观，而且动线也不流畅，利用木制圆弧造型墙面做流线形修饰，结合展示层板，令住宅曲线更加柔和，走道更增加展示与收纳双重功能。

图片提供：明楼设计

010
电视墙整合收纳延展空间

公共空间中横跨客厅与餐厅的大型电视墙，除了具备强大的收纳功能，也身兼延展空间、连接两个场域的作用，并利用前段三分之一型塑玄关，提供鞋柜、穿鞋平台等功能。中段内退制造展示平台，铺上沉稳木皮做出视觉差异，脱开的设计亦消除了体积的庞大感。

图片提供：成舍设计

009

🔧 **施工细节。** 圆弧木作需要木工师傅先在木板上放样，做出底板确定弧度，再用一片片小木板立体微调胶合在底板上，支撑弧形并做出厚度。

📏 **尺寸建议。** 弧形木作与柱子保留的距离为上方 30 厘米，下方 20 厘米。弧形墙面上下需再各内嵌 8 厘米贴 LED 灯带。

📏 **尺寸建议。** 通过大尺度的收纳墙面规划，横跨餐厅与客厅并界定出玄关，延展空间尺度。

010

🔧 **尺寸建议**。将衣柜的深度由一般情况的 60 厘米缩减至 52 厘米，并以悬吊式设计减少空间压迫感。

◁ **施工细节**。柜体上方以铁制框架创造空间的通透效果，铁制及木制柜体皆以预制方式先在工厂制作再到现场做施工组合。

011
精算尺寸，电视墙整合衣柜及化妆台

借由居中墙面在空间创造回游动线并赋予实用功能，正面作为电视墙并收纳视听设备，背面则作为衣柜使用也界定出更衣区，因此柜体也结合了化妆台功能，其中的开放式层板让化妆品能整齐摆放。

图片提供：森境&王俊宏室内装修设计

012
实心圆棒，让墙面增添功能

不想要制式衣帽架占了角落空间，又想要更好地收纳衣物配件，只要在墙面钻出几个孔洞，就能搭配不同衣物需要的使用高度，没使用的孔洞也能用不锈钢帽盖来遮蔽。

图片提供：力口建筑

013
双层柜体让收纳更有弹性

以工业风格为基调的住宅空间，因对应业主收纳需求，于沙发后方规划一个可移动式双层柜，下方加入四个大抽屉收纳杂物，上方则作为收藏展示与书籍摆放的位置。

图片提供：怀特室内设计

▷ **五金选用**。不锈钢毛丝面内嵌式螺栓孔及不锈钢定制实心圆棒。

▷ **五金选用**。后排柜体利用轨道设计，便于物品的收纳及拿取，有效增加其使用弹性。

🐟 **施工细节。** 内嵌鱼缸上下皆要有足够的空间与配电线才能保障正常运作。上方要设置夜灯、过滤器，还得保留洒鱼饵的空间；下方则是各种辅助器材。

014
内嵌鱼缸收纳书柜

位于客厅后方的阅读书房区，规划的收纳墙面，除了开放式的书架、横拉抽屉、大型门扇收纳区，转角更内嵌了业主的老鱼缸，用整合性的规划概念，使柜体与家具合二为一，保留住宅简约利落的清爽面貌。

图片提供：相即设计

015
翻转电视墙后藏鞋间

进门就是客厅的格局，使玄关收纳存在问题，于是将电视墙往前挪，退让出来的空间正好能规划更衣室的大小鞋间，共四个立面可收纳鞋子，层板也能根据鞋子种类调整。

图片提供：力口建筑

016
利用进退差距整合收纳

原格局中做了外推，墙面底部多出一截空间，成为上实下虚的一道立面。先将上段墙面用木作直向拼接，并于尾端留出 4 厘米段差形成进退面利于埋藏灯条。下方则用白色门扇封填成收纳区，最后用横向细沟使影音设备有藏身空间。

图片提供：奇逸设计

【墙面】
收纳

🔧 **五金选用。** 垂直向的黑铁轴承固定棒与水平向的黑铁框架，轴承大约可承重 20 千克。

🔧 **施工细节。** 进退面交接处嵌合不锈钢条增添折射变化。

✏️ **尺寸建议。** 长 225 厘米，宽 15 厘米的铁件沟槽，除收纳目的，也有平衡直线、放宽视野的功效。

017

017+018
大理石墙兼具收纳功能

客厅后方的大理石墙，除了界定客厅与健身区的属性，墙体后方也提供储物功能，墙面以卡拉白大理石铺陈，独特的斜纹纹理加上分割勾缝处理，好似泼墨画作。

图片提供：水相设计

⚙ 施工细节。卡拉白大理石墙，特意挑选的斜纹纹理，加上五等分的分割处理，石材间留2厘米×2厘米勾缝埋入铁件，不但增加细致度，也让每一片石材更为立体，宛如四幅长方形画作。

018

019+020 **好收纳双面电视墙**

小面积住宅在厅区采用开放式规划，令客厅、餐厅、厨房、书房四个功能区块互享空间与光源。电视柜采用双面设计，下方柜体属于客厅，上方的收纳空间则纳入书房作开放书架使用，最大程度利用空间，确保住宅呈现简约面貌之余仍能拥有足够收纳空间。

图片提供：相即设计

019

【墙面】收纳

020

✿ **施工细节**。石材都需要先经过加工厂处理裁切，因重量非常重，考虑到运送问题，使用面积也不宜过大，可在现场铺贴完毕后作"无缝美容"处理，减少拼贴后的缝隙问题。

🔄 **施工细节。**机柜以百叶形式规划，既能散热又能接收遥控联结。

➡️ **五金选用。**不锈钢圆管及黑铁支撑架。

021
建筑结构落差创造主墙与收纳空间

床尾墙面因建筑物结构产生立面段差，可用横拉大方块消除进退面落差，并利用间距创造出机柜深度，辅以灯光使电视墙面貌更加简洁轻巧。
图片提供：奇逸设计

022
不锈钢旋转电视墙，可收纳设备与置物

由于客厅的深度有限，加上业主希望在客厅、餐厅能同时看到电视，于是设计师在玄关入口处安排旋转电视墙，旋转轴结合设备柜体，在保证了视觉上的美感的同时，还可让水平量体可脱离地面，也可以当作置物平台与座椅。
图片提供：力口建筑

施工细节。钢筋的韧性强，因此需要在现场火烤扭出想要的曲线，并在钢筋上涂防锈保护漆，使整体空间呈现刚毅的气质。

尺寸建议。长约 370 厘米的水泥书墙，透过钢筋及玻璃层板，搭配绿巨人浩克穿墙而出的拳头造型灯，为墙面带来生动的造型。

023
钢筋书墙设计，直线中带有扭曲，营造线条趣味感

摒弃以往用铁件建构的书架墙面，以未加修饰的水泥墙为背景，用钢筋条及玻璃层板来打造，并经由铸铁师特地将钢筋做出画面中被超级英雄们破坏的不规则弯曲，让人感受到那股来自超级英雄的强大力量。

图片提供：好室设计

024
用盒装概念打造收纳边几

床头与更衣室共用墙面，用"盒子"概念做联结。盒内整齐收纳衣物，盒外以钢刷黑檀木拼接，再用木作喷漆拉出一个倒匚字形，使墙面产生榫接交叠感；既有直纹跟素面、黑与白的对比，同时也借由横向线条拓宽了空间感。

图片提供：奇逸设计

025
用柜子组合出生动趣味的床头壁面

以不同形式的收纳功能满足收纳需求，左侧的木门扇内藏有落地收纳柜，床头柜在中段挖出置物平台，上端隐藏门扇让留白诉说张力，右侧延续木元素为底，交错的浅柜别具趣味，更显生动。

图片提供：成舍设计

［墙面］
收纳

施工细节。加设与窗侧同宽的短墙，可使床铺区视觉更集中，有助于增加睡眠安稳度。

材质使用。长条形红灯增加亮点，并借人造马鞍皮提升床头柜质感。

材质使用。借由木材质与白色几何柜的交错形成丰富的视觉变化，摆脱传统床头柜的死板样式。

026

施工细节。在面向厨房的墙面设置全嵌式冰箱，需事前在正面底部规划进气口及在顶部留出排气口的位置，让完全嵌入的冰箱能循环散热，以延长冰箱使用寿命，并减少冰箱热气损害柜体。

026+027
开放墙面收纳影音与厨房家电

客厅与餐厅之间利用墙面划分区域，并构成一个动线串联的半开放式空间，墙面同时扮演电视墙及电器柜的角色，正面完全能收纳家中小孩所有的电视游乐设备，背面则隐藏厨房家电。
图片提供：森境&王俊宏室内装修设计

027

028

⊘ **施工细节**。CD、DVD不只要外露展示，也要便于更换，因此要先测量好外盒尺寸，摆放时空间才能刚刚好。

⊘ **尺寸建议**。墙面凹凸是利用门扇加厚的手法，但要装设铰链的门扇侧不可加厚，以免打不开门。

028
鞋柜、电视墙、展示架三合一

看似以线条切割的简单墙面，背后却隐藏了极大的收纳功能，包含了鞋柜、杂物收纳柜、CD 和 DVD 展示架等，并以凹凸手法将门扇模糊化，让墙面更多了设计感。

图片提供：演拓空间室内设计

029
玄关以大面积黑色格栅展现气度，同时巧妙隐藏鞋柜

入口玄关处以深色格栅墙面展现空间气度，有序的线条中不着痕迹地隐藏着鞋柜，转折的另一面墙对应着餐厅区域，墙面下方延伸的台面可作为艺术品展示处。

图片提供：尚艺室内设计

029

⊘ **材质使用**。为缓和染黑的木格栅墙面直线条的压迫感，在底部嵌入不锈钢并延伸出台面以截断视线，并搭配光源设计创造轻盈感。

030
梁柱深度创造书墙功能

将空间梁柱下的深度规划为书柜。高两米半的大书墙，搭配业主私人收藏的各式各样活动书挡，让书架藏书更具趣味感。

图片提供：尤哒唯建筑师事务所

031
主墙内隐藏小小更衣间

灰蓝色烤漆主墙后方所隐藏的更衣间，其实是巧妙修饰建筑柱体所产生，更衣间内部一侧为开放式，可悬挂衣物，一侧则是抽屉与层板的组合，让儿童房也能拥有丰富的收纳功能。

图片提供：甘纳空间设计

◎ **材质使用。**以铁件为支架，搭配木制层板设计，简洁的元素组合让书墙更轻巧。

🖊 **尺寸建议。**更衣间深度与柱体切齐，创造出45厘米宽的走道空间，对小朋友来说刚刚好。

032

033

◎ **材质使用。**电视墙面运用空心砖结构，让粗犷质感的表面具有融合自然环境、不做作的居家质感。

◁ **施工细节。**空心砖采用对缝的叠砌方式砌成，以求每一块砖面完整呈现。

032+033
半高墙面引导视线及动线，界定空间区域又保有开放性

公共空间以半高墙面创造开放且区域分明的空间，面对客厅的墙面为电视墙，另一侧则作为阅读区域的书架使用，同时也形成一个串联的行走路径，无论在视线及动线上都能达到自由无拘束的效果。

图片提供：尚艺室内设计

034
开放、隐藏的柜体设计交错，演绎丰富层次

为了顺应业主的需求，在空间设立半高的吧台，开放式的设计便于招待来客。以水泥砌成吧台，配以实木台面，后方墙面则以层板和柜体交错搭配，呈现或开放或隐藏的收纳功能，无把手的柜门设计，构造出干净利落的立面。

图片提供：摩登雅舍室内装修

035
收纳有度，物品各得其所

墙面以小型的复古方块瓷砖作为衬底，沿墙再拉出收纳的区域，形成完整干净的柜面。而业主本身对于收纳的要求十分严格，不论是杯、盘，甚至红酒的收纳隔板尺寸，都需符合收纳物件的尺度。

图片提供：摩登雅舍室内装修

034

◀ 施工细节。施作铁制吊柜时，由于柜体本身重量较重，需预先将铁条嵌入原始的水泥天花板中，才能有效支撑，再铺上木制天花板，就能呈现悬空的效果。

◉ 材质使用。整体的空间风格以普罗旺斯的明亮热情为主轴，融入欧洲圆顶拱门的造型，以复古砖贴覆围绕柜体，辅以刷白的木质柜面，浓厚的欧式氛围自然而然地显露出来。

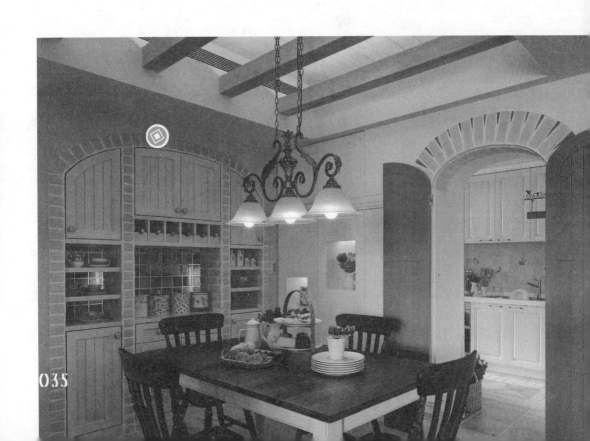

◎ **材质使用。**电视墙面大面积运用染色杉木，让独特的色泽与纹理成为表现空间的主轴。

◎ **施工细节。**为了能让铁制层板完美嵌入墙面之中，事先将铁件折成 L 形，再配合木板接缝处固定。

036

036
错落层板收纳物件，也是猫跳台

业主家中有饲养猫咪，为配合猫咪喜欢跳往高处的习性，在电视墙面设计高至天花板的错落式层板，让猫咪可以一路攀爬至位于天花板的猫洞，层板也可以收纳饰品及书本。

图片提供：尚艺室内设计

037
大理石墙兼具书柜用途

住宅有绝佳的 L 形大面开窗视野，却因格局不当无法展现，因此设计师将客厅与书房位置对调，同时在雕刻白大理石电视墙的后方规划出铁板层架，便于收纳书籍和放置电脑，创造多用途的墙面。

图片提供：甘纳空间设计

038
格栅线条轻巧隐藏收纳门缝

主卧空间采用深色格栅作为床头主墙，有序的直向线条巧妙隐藏后方收纳柜门缝，创造出卧房空间的整体感，开放式格柜底端设置光源，作为小夜灯使用。

图片提供：尚艺室内设计

【墙面】收纳

037

038

◎ **材质使用。**书柜选择以纤细的铁件作为层板，比例比木层板更合适。

◁ **施工细节。**刻意在封闭式收纳墙面之中，局部规划垂直轴向的开放式收纳格柜，减少压迫感同时增加使用的灵活度。

039 悬吊电视墙不忘实用收纳

客厅与书房以悬吊电视墙作为隔断，并利用墙体厚度规划成收纳空间，在电视墙的侧边设计了可放置 CD 的侧柜，顺手就能拿取，又能隐藏杂乱，赋予墙面多功能的用途。

图片提供：演拓空间室内设计

🔧 **施工细节。** 施工前事先将线路规划妥当，视听设备皆藏于茶几下方，不增加电视墙的负担与复杂度。

💡 **材质使用。** 为了让书房在使用时不被噪音打扰，电视墙下方加设了玻璃，既增加支撑力也具隔音功能。

040

悬空鞋柜倚墙而设，轻巧不占位

一个人住的空间，面积并不算宽裕，但基本的收纳空间又不能省，设计师利用卫浴隔断，规划出悬浮式鞋柜，满足收纳功能之余，亦成为入口主要的视觉焦点。

图片提供：怀特室内设计

041

墙与收纳联合让功能相互整合

客厅主墙较宽也较长，若只使用一部分，会显得过于浪费，于是设计者让墙与收纳功能相互联合，这道主墙面，除了有电视墙功能还有一部分是提供作为收纳与展示之用的墙面功能。

图片提供：丰聚室内装修设计

040

◉ **材质使用。**白色柜体为钢琴烤漆处理，配上后方的粗犷壁纸，用新旧冲突对比冲击视觉，呼应老屋翻新的空间。

◉ **材质使用。**门扇以木板材为主，用宽度不一的材料做拼接组合，制造出具有层次效果的设计。

◉ **施工细节。**所使用的五金把手也特别漆上与门扇相同的颜色，呈现出一致性。

041

042

043

◎ **材质使用。**采用喷漆木作、木皮为墙体材质，书柜表面铺陈梧桐木皮，与水平纹理的白橡木地坪，形成垂直、水平两种不同的肌理美感。

042+043
正向是电视墙，反面可作书柜

通过一道墙形成客厅与书房之间的领域隔屏，兼顾了两个区域的实用功能性。正面可用作客厅的电视墙，并在下方配置视听柜体；反面作为书房的开放式书柜。整道墙采用不做满设计，保有房间之间的通透感。

图片提供：近境制作

044

044
巧妙利用墙面、层板收纳

由于50年的老屋已经不符合生活需求，因此拆除所有格间，重新规划格局样貌。客厅墙面为开放式的系统柜，让物品能一览无遗。柜体右侧的靓蓝色层板顺着墙面直到天花板，不仅可作为开放式的层架，也是隐藏客厅、餐厅推拉门轨道的绝妙设计。

图片提供：十一日晴空间设计

045
墙结合书柜，让人享受阅读乐趣

位于楼梯旁的墙面，采用灰色石材大面积铺设立面，并搭配不规则的书籍收纳空间，远观可体会到浅灰色、深木纹的矩状拼接美感，近看则可见到材质的细腻纹理。结合实用性与造型美感的墙面设计，让阅读乐趣唾手可得。

图片提供：近境制作

◎ **材质使用。**为了隔绝厨房油烟，右侧的展示柜背板以压花玻璃展现复古情调，符合整体的空间氛围，且有轻透的视觉效果，又不阻碍光线进入。

◎ **施工细节。**由于是规格化的系统柜，可依照放置物品的大小来变更，放置书本的高度约在40厘米，视听设备的高度约在20厘米。

◎ **材质使用。**采用薄片石材作为立面的铺设材料，内凹台面背景则采用深色木皮，做出色彩对比效果，并保有木石自然纹理。

◎ **施工细节。**将石材切成薄片贴于墙面，质地轻，减少了笨重感，让施工过程更简单、快速，节省安装成本。

046

047

◎ **材质使用。**电视墙选用回收火车枕木为铺设材料，切割后重新拼贴，呼应房子的复古工业氛围。

046+047
电视墙背面打造开放式衣柜

主卧房运用电视墙创造出环绕式走动设计，墙面不仅提供影音收纳，另一侧直接利用墙面锁上金属配件，就是好拿好收的开放式衣架。

图片提供：怀特室内设计

🔗 **施工细节。**悬吊铁件与天花板接合必须选用较厚板材，并做龙骨补强。

🔗 **施工细节。**木作隔断作为区分厨房和公共区的界线，镀锌钢板直接贴覆于木作墙面上，而木质层板则以钉子固定两侧加强支撑力。

O48
悬吊收纳架既能收纳衣服也能放书

专属男主人的休闲起居空间，可弹性地使用，因此收纳空间可以适当缩小。利用墙面角落，用铁件打造可摆放书籍和衣物的多用途收纳架。

图片提供：怀特室内设计

O49
兼具收纳和留言的墙面

业主常下厨烹饪，因此在厨房墙面加上木质层板放置食谱，随时都可以翻阅。同时在墙面铺上镀锌钢板，本身带有磁性的钢板，可作为记事本使用。

图片提供：十一日晴空间设计

O5O
可弹性增加门扇的收纳墙

看似简约利落的公共厅区，沙发背墙设计了一个既开放又隐蔽的置物柜，梧桐木染黑架构木柱、白色铁件成了轻薄层架，而白色门扇由大大小小的矩形组合而成，运用黑白、轴线、材质交错的手法，构成对比强烈却又具平衡感的量体。

图片提供：宽月空间创意

［墙面］ 收纳

🔗 **施工细节。**白色开放层板与木构造处已经预留好铰链，假如收纳的物品变多，可以弹性增加门扇，避免过于凌乱。

O5O

051　无压的开放收纳

在 150 平方米的房屋内，将原本与客厅相连的书房隔断拆除，拉宽空间深度，释放大面积窗景，绿意盎然的户外景色跃入眼帘。书房背墙以灰色铺底，恰好与上缘的梁所包覆的镀钛金属相呼应。无压的开放式收纳，一览无遗的设计，展现整体通透的空间风格。

图片提供：大雄设计

🔹 **施工细节。**木质层架保持 3～4 厘米的厚度，便于在木质墙面加上龙骨固定，同时在每层层架固定直立的隔板，不仅能支撑层板，也能成为柜体造型的一部分。

🔹 **尺寸建议。**由地面开始算起的第一层层架抽屉与书桌同高，方便人随时转身，也留出与其他层架最大的 40 厘米间距，便于收纳较重的物品或大开本的书籍。

052
交错层架形成跃动视觉

喜爱简单利落的业主，以黑白简约的配色为主轴，素白的木地板铺陈，餐厅墙面辅以木色与黑色相间的木质层板作为点缀，原木的使用让空间增添些许暖意。交错配置的层板形成跃动的视觉效果，即便不摆放物品，也可成为墙面的装饰。

图片提供：Z轴空间设计

◎ **材质使用。**部分木质层板做染黑处理，同时进行削薄，厚度和颜色上做出变化，使木色与黑色层板拼接时，呈现不同材质混搭的视觉效果。

◈ **施工细节。**由于餐厅为水泥墙面，因此在墙面切沟，以卡榫的方式卡入双色木制层板，看似交叠且有重心不稳的疑虑，但实际上十分稳固。

尺寸建议。依据家中幼儿的身高，适当调整层架的高度，让小孩能亲手选取书籍，有效引导自主阅读。

材质使用。以现成的展示架手工制作而成，不仅节省木作费用，也能随时调整高度。

053
适当放置层架，丰富墙面风景

简单素朴的客厅无多余装饰，电视背景墙以砖墙涂白，表现原始素材的肌理，上方一道长窗引光，使后方的卫浴空间不阴暗。右侧墙面则利用现成的层板架作为家中儿童的童书架，不仅能培养儿童自主的阅读习惯，也让童书成为家中布置的风景之一。

图片提供：十一日晴空间设计

054
沿梁创造墙面满满的收纳

为了能有效地运用卧房空间，可沿着梁的深度、墙面的宽度，共同创造出收纳空间，除了可以善用环境，也解决了梁压墙的困扰。这道墙所产生出的功能除了满足生活收纳外，也加入了书桌设计，让功能变得更加多元。

图片提供：漫舞空间设计

055
3000本书墙营造长廊趣味感

一别过去小公寓、大厦的设计方式，在狭小的走道里，设计了一个"书廊"，让走道不只有过道的功能，还串起客厅、卫生间、管道间、储藏室和卧室，一切看似完全不相干功能的空间联结，并收纳业主近3000本藏书，使走道变成了可以驻足停留的天地。

图片提供：尤哒唯建筑师事务所

五金选用。为了使收纳柜方便开启，特别加了带弧度扶手的五金，好握好用的同时也很美观。

材质使用。收纳柜体、书桌主要以系统家具为主，贴皮则是以人造木皮为主，好清理也相当耐用。

施工细节。透过精细计算，将450厘米长的廊道切割成大大小小的书柜，并在书架构中加装活动层板，方便灵活运用。

056+057 借用卧房空间创造嵌入式主墙收纳

电视主墙上有如装饰的轻薄抽屉，打开后深度却与一般抽屉尺寸一致，巧妙之处在于利用主卧室床头下方空间。而白色镂空几何设计的影音柜，同样借取主卧室床头右侧落地柜，日后维修也十分便利。

图片提供：宽月空间创意

056

057

【墙面】

收纳

💿 **尺寸建议。** 左侧设备柜内预留65厘米的深度，将重低音喇叭装置收纳于此。

◎ **材质使用。**沙发背墙因从鞋柜一直整合至书房隔断，因此用黑色木皮、铁件、玻璃统一串联，维持空间完整性。

O58
沙发背墙整合隔断与柜墙

沙发背墙整合了玄关鞋柜、衣帽储藏与书房，用连续的隔断、拉门与柜墙，使其材料、形式相统一，让客餐厅的区域，更显简单利落且具有整体感。客厅沙发背后的空间，则规划成可开放、视觉穿透的书房兼客房，让客厅多了阅读、工作的功能。

图片提供：尤哒唯建筑师事务所

O59
善用"畸零"空间收纳

由于卧房原始条件的关系，在柱体之间原本就留有内凹处，因此决定运用"畸零"空间，巧妙变成开放式的收纳柜体，空间一点都不浪费。刻意漆成奶茶色的墙面，正与床头相呼应，整体呈现温润无压的氛围，打造安适好眠的卧寝空间。

图片提供：Z轴空间设计

O60
毛丝面踢脚线隐藏电器收纳

因客厅、餐厅区相连的关系，一堵挑高的清水模主墙，贯穿整个空间。灰色沉稳的清水模主墙，区隔了卧室与储藏间的纷乱，同时下方的不锈钢设计成下掀式门板，则隐藏了影音电器柜，方便使用，也维持了墙面的完整性。

图片提供：尤哒唯建筑师事务所

◎ **施工细节。**计算好内凹处的深度和宽度后，层板四周以硅胶黏着固定。除了硅胶之外，也可使用一种叫作"壁虎"的五金固定，但成本较硅胶高。

◎ **材质使用。**宽300厘米、高240厘米的清水模电视墙，为维持其完整性，表面没有进行任何设计，但将收纳隐藏在最下方的毛丝面不锈钢中。

061
墙面书柜利用光源，提升空间质感

对应书房区在后方规划了大面书墙，可以作为书柜也能当作收藏品展示区使用，刻意与背墙拉开距离，借由下方灯光设计突显墙面粗犷材质，营造空间层次与氛围。

图片提供：尚艺室内设计

062
铁件层板创意结合木质抽屉，增加收纳容量与空间层次

大气地利用整面墙规划开放式书架，以满足业主大量藏书及工艺品的收纳需求，在层架中增加木制抽屉，让零散小物也能被有条理地收纳，同时缓和铁件的冰冷感。

图片提供：尚艺室内设计

◉ **材质使用。** 墙面以肌理明显的玄武岩铺陈，搭配镂空设计的烤漆铁件书架，让天然材质与窗户外的绿意相呼应。

◉ **尺寸建议。** 刻意在铁件书架与墙面之间拉开 10 厘米的距离，加上由下而上打的灯光表现出玄武岩独特的纹理，而成为空间造景。

◉ **施工细节。** 考虑宽跨距的层板书架承重度，在每两片空心砖之后事先预埋固定铁件，最后再架上烤漆层板。

◉ **材质使用。** 坚固耐用的空心砖能增加空气对流，有效隔绝热源，以往常被使用在室外。设计师大胆将其运用在家居之中，让粗犷的表面质感呈现与户外结合的自然休闲感。

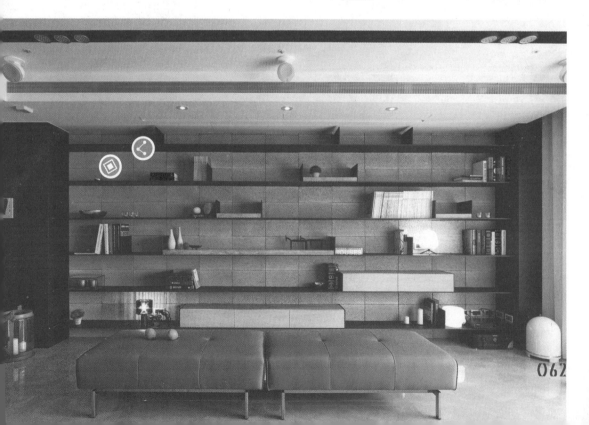

063

◎ **材质使用。**文化石的电视壁面，展现粗犷的砖面，两侧的储藏室门扇以木作烤漆加上线板的设计，呈现传统欧式的乡村风格。

064

063+064

微调墙面，便有了大容量的储藏室

原始格局的客厅深度过大，形成无用空间，因此将电视墙往沙发靠拢，两侧留出超大容量的储藏室，分别收藏孩子们的玩具及日常用品。无把手的门扇设计有效隐藏入口，且巧妙地将欧式的左右对称设计融入空间，再辅以壁炉造型，打造宛若欧洲古堡的居家环境。

图片提供：摩登雅舍室内装修

1
 墙面

墙面 + 收纳

穿透玻璃隔断
厚度约 10 毫米

想要区隔空间，却又不想完全隔断，用玻璃作为隔断最适合，可具有空间界定作用，视觉穿透营造出宽敞氛围，景深延展视野的效果。用在隔断的玻璃多半是选用强化玻璃，可以避免撞击碎裂的危险，厚度在 10 毫米左右。

066

插画绘制：黄雅方

066 半高墙面
高度为 90 ~ 100 厘米

半高墙虽高度只有一半，但区隔作用不减，
既不影响采光、视野，同时也能发挥隔断作
用，一般沙发背墙为 90 ~ 100 厘米，如果
是结合收纳的柜体，通常可做到 150 厘米
左右。

067 局部镂空
确保光线与空间穿透

区隔空间区域的墙面，可采取上端或是不规则错落的开口设计，暗喻另一个空间
的存在，视觉与光线依旧能够延伸保留，空间达到独立却又开阔的效果。

068 重叠功能墙挤出通透一小房

为了实现小面积再多出一房的愿望，在不制造额外墙面阻断空间感的条件下，利用灰色玻璃、半高电视墙与厨房收纳平台圈围出次卧，每一道隔断都是附有功能的量体，轻松打破实际面积的局限。

图片提供：成舍设计

◎ **材质使用**。门扇与上段隔断使用灰色玻璃，符合空间风格，兼顾穿透及隐私。

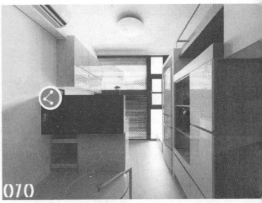

069

○ **施工细节**。用厚约 0.9 厘米铁件做隔屏，可以减少量体占据地板的面积。

◎ **材质使用**。银狐大理石做复古面处理，降低光泽反射，吻合设计感觉，亦可凸显石材纹理。

070

◁ **施工细节**。电视柜体采用轻质铁框为主要量体，结构须预埋于左侧水泥墙体上，并将内部悬臂部分预埋垂直铁件补强。

069
黑铁屏风是隔断也能引光

玄关以黑色屏风作为开门端景；半穿透设计搭配旁侧镜面让视线延展、以免过度封闭，也具有引光功效使区域明亮。铁件与石材采用线性组合创造利落效果，融合天、地的染灰橡木作调和，深色给人厚重的感觉，轻松打造出风格独特的空间。
图片提供：奇逸设计

070
黑铁电视墙划分客厅、厨房

利用电视墙与厨房作为区隔，以黑铁打造的电视柜又与电视巧妙融合，下方则特别选用与厨具一致的材质规划抽板收纳影音设备，运用复合设计概念，为小面积创造意想不到的收纳功能。
图片提供：力口建筑

071
穿透式隔断，解决视线延伸

小面积套房入口处增设屏风，作为视线及进入空间的缓冲隔断，由于空间量体不大，屏风中央以镂空式设计让视线能适度穿透，不仅创造空间层次，也不会有封闭感。
图片提供：森境&王俊宏室内装修设计

◎ **材质使用**。屏风式隔断选用天然木皮包覆，周围则采用铁件烤漆收边，运用不同材质，营造温暖却不失时尚的感受。

◐ **尺寸建议**。屏风设计借由中间 20 厘米的镂空创造视觉对空间的延伸。

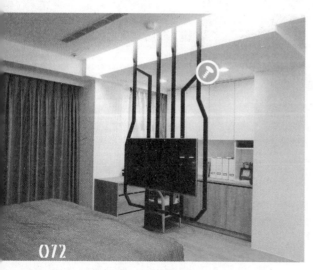

072

漂浮式电视墙，事前工序多

寝室与书房利用上悬吊电视墙作区隔，没有任何多余的线路外露，整体线条简洁利落。镂空的特色设计，让夫妻俩身处两个区域，仍然可以聊天。只是铁件需预先一周制作，装设三天前得送烤漆工厂做最外层的修饰，塑造接触时的细腻质感。

图片提供：法兰德设计

073+074

双面柜架构电视摆放位置，同时划分出玄关区域

将客厅规划在光线较为充足的窗户边，在入口处利用一道双面柜设计界定玄关空间，同时也是端景柜，一面则作为电视墙，并留出单侧通道搭配弧形墙面，以引导进入空间的动线。

图片提供：森境&王俊宏室内装修设计

072

▶ **五金选用。**由于电视铁件加上荧幕非常重，悬浮设计又只能靠上方支撑，所以要在做天花板前，利用膨胀螺丝把铁件牢牢固定在楼板上，确保安全。

073

◆ **尺寸建议。**高至天花的双面柜靠窗侧设计开放层板，不但可以摆放艺术品也让空间更具穿透感。

◆ **施工细节。**电视墙面下方设计内凹的开放式收纳，用以收纳视听设备，内侧以黑色呈现，使视觉上不会太过凌乱。

074

🔗 施工细节。悬空式主墙必须在施作天花板的同时，以木作底搭配钢构锁在原始钢筋混凝土结构上，确保大理石墙的承重性。

🔧 施工细节。屏风为国外购入的百年古董，由设计师亲手操刀，进行磨刨、上漆，共经过五道工序才达到现在美丽的复古样貌。

🔗 尺寸建议。端景墙宽130厘米、高200厘米，摆设在距离大门约3.5米的地方，保留足够的迎宾、回旋场地而不显压迫。

075
悬空大理石墙，联结客厅与玄关

公共厅区运用大理石主墙取代隔断，悬空式设计达到穿透延伸的视觉效果，刻意以凿面石材的粗犷去搭配皮革包覆的平台，加上主墙侧面以铁烤漆作收边，创造材质对比的冲突美感。

图片提供：界阳&大司室内设计

076
百年古董屏风变身韵味隔断

进入大门后，映入眼帘的便是带有浓浓复古、粗犷风格的端景屏风，这是由设计师从国外购入的百年古董，同时也成为空间中的创意发展起源。屏风中央有一道小窗、可轻巧开合，让人身处内外，皆能享受不同窗景。端景墙区隔内外，外侧为迎宾区，后侧则设置简单的办公空间。

图片提供：亚维空间设计坊

◉ **材质使用。**白色烤漆墙体局部饰以木皮点缀，使小空间清爽不压迫。

077
多功能矮墙释放空间感

小面积不一定得牺牲玄关，透过一道矮墙界定玄关与客厅，同时制造出回字形动线产生律动感，让空间更加流畅；这一道矮墙同时具备电视墙、视听柜、玄关置物与区域界定的功能，发挥一物多用的设计价值。

图片提供：成舍设计

078
宽幅度拉门，完美隐藏全套卫浴

木质拉门后方，隐藏着五星饭店式质感的卫浴，可双边开启的拉门设计在使用上更加便利，从电视墙延伸的统一木纹质感呈现利落的整体感。

图片提供：森境&王俊宏室内装修设计

◉ **施工细节。**木质拉门在洗手台面高度开出凹处，让拉门能完全关闭也不影响使用功能。

施工细节。突破以往水龙头依附台面的设计，这里将水管线走天花板，创造出让水龙头结合化妆镜从天花板悬空垂吊式的设计。

材质使用。延续现代时尚的整体空间风格，开放式洗手台采用大理石装饰，提升卧房的精致度与质感。

079
半高主墙区分寝卧与更衣区

主卧房将洗手台从卫浴移出并独立设置在床头位置，赋予了化妆台与洗手台复合功能，后方为全展示衣柜，因此便借着半高墙区分出寝卧及更衣区。

图片提供：森境&王俊宏室内装修设计

080
不锈钢电视墙打造半开放书房

有别于一般半开放式书房隔断多为上半部搭配玻璃材质，设计师特别采用如闪电般的不规则线条，将转角线条压至最低，获得更为开阔的视觉效果。

图片提供：界阳&大司室内设计

施工细节。木作底包覆的不锈钢预留凹槽，便于将清玻璃嵌入，最后必须再以硅胶作收边。

材质使用。电视墙部分采取不锈钢无缝拼接，以科技感呼应业主电子新贵身份，不规则切割经过事前不断打板测试。

施工细节。 铁件框架在现场烧焊组装，玻璃则分块运送，现场结合在一起。铁框上下皆需固定在天花板与地面。

材质使用。 隔屏采用低调的灰玻为主体，上面再贴一层 3M 纤维贴纸，达到理想的半透明效果。

081

082

施工细节。 电视管线巧妙地隐藏于铁件之中，并从天花板安排走线，让格栅式的电视墙维持着高利落。

尺寸建议。 以铁件制成的格栅墙面，宽幅刻意纳限在电视宽度之内，搭配悬吊设计使整体感更为轻盈。

083

084

◎ **材质使用。**主墙侧面特意选用亮面不锈钢作为收边，质感
较为精致，下端则是黑玻影音柜，方便直接遥控。

081
半透明灰玻隔屏，解决气口相对的问题

为了解决一入门的气口相对问题，设计师特别在玄关处设置玻璃造型隔屏，具备十足遮蔽性又不至于因光线无法穿透而显得压迫；下方摆放穿鞋椅，满足实际的使用功能。

图片提供：相即设计

082+083
铁件格栅界定开放空间

空间运用格栅为表现元素，衍生成为客厅主墙并区分餐厅区域，在虚实通透之间，摆脱制式柜体的界面划分，传递出鲜明的空间意象。

图片提供：森境&王俊宏室内装修设计

084
异材质主墙界定公共厅区功能

小面积空间构筑一道主墙作为隔断，穿过环绕式动线为餐厅、书房营造宽敞通透的视觉效果。客厅正面用毛丝面不锈钢材质打造，餐厅主墙则是双色烤漆，同时下端的设备柜也有两区共用的功能，更节省空间。

图片提供：界阳&大司室内设计

◎ **材质使用。**局部清玻璃的搭配，达到视觉开阔的效果。

O85
双面电视墙的高效能隔断

因为业主有书房需求，要在有限的面积下隔出书房且不影响空间感，可采用电视墙结合清玻璃的隔断做法，这样可以减少视觉上的阻碍，以避免空间因墙面的阻隔而缩小，不及顶的电视石墙形成低压迫的量体，并将书桌与书柜藏在后方达到一物多功能的高效利用。

图片提供：成舍设计

O86
半高墙为公共空间轴心

置于空间的半高墙为宽敞的公共空间落下重心，也适度区分了前后区域，半高墙一方面作为倚靠沙发的背墙，另一方面可利用后方的收纳功能设计来对应后方泡茶区。

图片提供：尚艺室内设计

◎ **施工细节。**意大利洞石的半高墙墙面需以水泥为基座成形，再贴覆石材及嵌入预制铁件，整体才会牢固不变形。

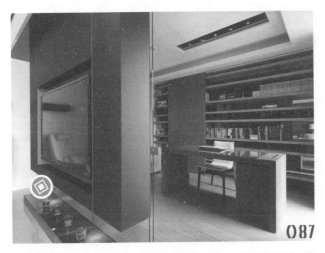

087

◉ **材质使用。** 电视墙选用经过特殊处理的氟酸玻璃，由于玻璃质量大，因此内部必须以金属骨架支撑，加强耐重力。

087
利用大梁位置规划厅房隔断

空间上方正好有一大梁，于是顺势在此规划一道悬空的电视墙，作为客厅与书房的隔断，旁边则延伸设计玻璃拉门，在不影响光线穿透下，保有书房的完整性。

图片提供：演拓空间室内设计

088
光墙屏风把隔断变时尚

呼应业主追求科技感的生活形态，玄关入口运用独特的不锈钢光墙设计，带出立体的光线层次，夜晚开启时让家更有氛围。

图片提供：界阳&大司室内设计

◉ **施工细节。** LED 光束同样须经由开关控制，因此要整合线路规划。

088

090

🔷 **施工细节。**投影机和升降台放在卧室衣柜上方的天花板上，事先预留好线路，加上可透过玻璃遥控，充分实现生活科技化。

089

091

🔷 **尺寸建议。**为了空间的流畅度，客厅家具与隔断墙相互协调降低高度，减轻了压迫感并增加了视觉的开阔性。

🔷 **材质使用。**半高隔断墙选用黑底白纹的天然大理石，有如国画般的泼墨山水，让墙面也具有装饰作用。

092

⊘ **材质使用。**以金属结构为主，在用木作封板后，于表面铺贴人造石，并在镂空处规划灯光照明，增加变化性。

⊘ **施工细节。**旋转转轴需事先计算好力矩，转动时才会轻松不费力。

089+090
电浆玻璃把电视墙、隔断变不见

追求科技感的年轻业主，渴望能实现无线遥控的生活方式，客厅隔断看似与一般玻璃无异，实则为电浆玻璃，通过遥控可转换为清玻璃、雾面玻璃质感，同时又能透过房内的投影机化身电视荧幕。

图片提供：界阳&大司室内设计

091
矮墙结合壁炉功能，创造开阔又独立的休闲空间

为了增加公共空间私密与独立性，在开放式手法中加入弹性隔断元素，在书房与客厅之间利用半高墙界定区域，同时使用了拉帘提升私密性，而半高墙同时结合壁炉，营造出休闲度假的氛围。

图片提供：尚艺室内设计

092
玄关屏风同时也是书房隔断

玄关屏风以镂空透光的设计削减墙体的沉重感，并以旋转转轴让屏风转向，摇身一变成为与电视墙齐平的书房与客厅的隔断墙，使书房也能成为独立空间，便于使用。

图片提供：演拓空间室内设计

◎ **材质使用。**玄关区域以铁件格栅连接一面洞石所构成的墙面，并且刻意留下大小不一的方框，另一面则以精致镀钛钢板拼接，以对应不同空间质感。

◀ **施工细节。**由于镀钛钢板硬度高，需事先精量尺寸并在工厂裁切预制，再至现场施工完成。

093

093

玄关墙面镂空设计，让视觉延伸暗示客厅空间

配合入口左方的餐厅质感，以米色意大利洞石打造墙面，用来界定玄关区域，并刻意在墙上开出大大小小的方框，让有穿透感的视觉暗示后方客厅空间而不觉封闭，且方框也能简单摆放工艺品，创造出空间的趣味性。

图片提供：尚艺室内设计

094

零距离隔断，一并解决影视需求

开阔的客厅旁安排了琴房，以镂空的电视墙为分界线，兼顾两个区域的独立性；上下镂空的设计制造出电视悬浮半空的个性创意，运用铁管拉折出细致且利落的结构框架，并将电线藏于铸铁管内，维持通透干净的视觉效果。

图片提供：成舍设计

◎ **材质使用。**要让墙面兼顾承重与轻巧，铁件是首选，折出的线条也更具立体动感，并顺势牵引电线，起到隐藏管线的作用。

094

095
灵巧矮墙双面功能，共用端景墙

整合书桌与电视墙于一道矮墙，并置于客厅和书房中间，一方面有效运用量体功能，将视听与网络等线路集中整合，也营造出空间两端的展示立面互为两区块（客厅与书房）的端景视觉，半高的矮墙也可加强走道的开阔性。

图片提供：成舍设计

096
兼具隔断、采光与开放性

相较于客厅，书房采光较差，但又要让两者之间有所区隔，因此以石材主墙结合玻璃拉门，达到隔断效果也兼具透光及空间开放性，墙上再搭配设计感十足的时钟，更具美观性。

图片提供：演拓空间室内设计

◎ **材质使用。**矮墙以混材概念打造，兼具端景视觉。

◎ **材质使用。**石材墙面旁边结合长虹玻璃，凹凸的长条形材质能让书房透光但不透明。

◎ **施工细节。**石材主墙为锈石再做荔枝面处理，因此触摸起来会有些略粗糙的颗粒质感。

097

◎ **材质使用。**隔断墙采用木板材质，并以白色刷漆处理，搭配低重心设计，呈现简约美感，与深色木地板形成色彩对比。

◎ **施工细节。**架高休憩台面，在地板底部、电视墙下方融入收纳空间，无论是置物还是作为视听柜体都好用，功能性强。

【墙面】 隔断界定

097
巧用电视墙打造休憩区

客厅与休憩区形成开放格局，放入一面白色电视墙不仅具有视听娱乐功能，同时也作为两者区域之间的界定，让客厅、休憩区在开放式的通透格局下，形成完美的空间区分，并形成一进门后的动线导引。

图片提供：近境制作

098

098
半穿透砂岩柱体打造延续与界定

玄关区域以德国环保砂岩涂料刷饰，有如石柱般宽窄不一的量体，利用黑玻及黑镜反射，达到拉长玄关高度的效果，并将隐私和通透兼具的过渡空间作低调且大气的诠释。

图片提供：宽月空间创意

◎ **尺寸建议。**柱体采取不同宽度比例设计，赋予空间自然的设计感。

099
法式面板营造异国风情

玄关面积不到 3 平方米，需要满足基本的鞋子、杂物等的收纳需求，加上女主人希望玄关要有特色、给人深刻的第一印象，所以设计师运用复古砖与漆，搭配法式风格的柜体面板，点缀上、下柜之间的腰带镂空网格，浓浓的南法风格也应运而生，营造出小空间明亮舒适的效果。
图片提供：亚维空间设计坊

100
粗犷石墙兼隔断与美化作用

采用灰色天然石材作为电视墙，透过顶天立地的大面幅设计，营造从天而降的设计感，不仅成为居家中的视觉主墙，更作为与后方空间的简单屏蔽，同时搭配圆弧天花板设计，弱化了上方横梁的压迫感，让立面高度进一步提升，彰显空间的大气感。
图片提供：鼎瑞设计

◉ **材质使用。** 地面选用复古砖，壁面刷上淡雅的复古漆，搭配法式风格的柜体面板与腰带网格，令玄关空间洋溢浓厚南法风情。

✎ **尺寸建议。** 玄关为不到 3 平方米的小空间，特别将复古砖从常见的 30 厘米×30 厘米，缩小成 15 厘米×15 厘米，还作了П形拉花处理，打造精致小巧的复古欧式玄关。

◉ **材质使用。** 墙面底材选用不锈钢网与不锈钢方管作支撑，采用天然辛巴尼石块为面材，添加居家中的自然粗犷美。

◁ **施工细节。** 石材施工较为费工，一块块地层层铺叠，且石块大小尺寸较为不均，必须铺叠后再进行细部修整。

◎ **材质使用。**电视墙选用秋香木板，利用木素材元素，给空间带来更多家的温馨。

101
以电视墙界定功能属性

位于房子正中间的入口，刚好将公、私区域分界，有别于私人区域，公共空间希望维持原有的开放感，因此借由一道电视矮墙，将餐厨空间与客厅划分，但同时又保留其连结性，此外将扶手与穿鞋椅功能融入电视墙造型，赋予狭长的电视墙更多实用功能。

图片提供：绝享设计

102
玄关展示台，隔屏与端景

入门玄关处配置一面木材质块体墙面，正好与地坪的拼接材质线切齐，分隔了玄关和书房区域，不只形成一种空间界定，更搭配上方悬吊灯饰的温暖光源，形成转角处的恬静端景，而置物台水平线与灯饰的垂直线条，也勾勒出线性的美感。

图片提供：近境制作

103
半高隔断保留穿透感受

实墙隔断容易失去空间开阔感，因此设计师借由电视墙将厨房与客厅做出分界，各自独立的同时又不失互动性。为避免大型量体带来的压迫感，厚度仅为12厘米，并结合铁件加强其结构，让电视墙悬空，展现轻薄、穿透效果，并以轻浅色调的白橡木皮呼应轻盈主题，适度点缀黑色作比对，为柔和木纹增添个性。

图片提供：绝享设计

【墙面】隔断界定

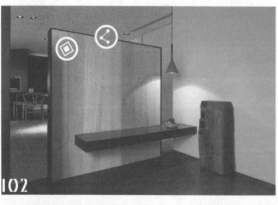

◎ **材质使用。**采用梧桐木纹木皮作为墙面材质，不仅质感细腻，素雅温润，且纹理通直，更具有墙面延伸拉长的效果。

◎ **施工细节。**墙面不作到顶，成为一独立块体，在区分区域的同时，也保有空间互通感，并将展示台嵌在墙面偏下方的腰线处，平衡整体视觉。

◎ **材质使用。**考虑线材多为黑色，因此电视下方采用烤漆玻璃加深色美耐板，借此淡化过多线条，让画面看起来更干净利落。

104 一体两面电视墙同时也是隔断高手

开放式的客餐区，仍需要一道墙来作为界线，于是衍生出一道一体两面的电视墙，两面都有摆放电视，可提供不同空间的使用，不但清楚地将区域划分出来，也带出流畅的生活动线。

图片提供：漫舞空间设计

⊘ **施工细节。**由于是将电视锁在墙面上，为了顾及使用安全与稳定性，都特别在施工上加强，以打消使用者的顾虑。

◈ **材质使用。**墙面材质以石材为主，借由这自然且独特的质地，营造出低调奢华的氛围。

< 施工细节。水泥部分先以钢筋为架构，再结合木芯板，然后上弹性水泥，而影音线路就藏在水泥结构内。

105

105
对比材质墙面创造漂浮感

主卧室睡寝区与更衣室采取以主墙设计为主，带出自由环绕动线，同时以轻盈、细腻的玻璃对比粗犷水泥质感，让墙面产生漂浮的效果。

图片提供：宽月空间创意

106+107
矮墙区隔主卧及公共场域

60 平方米一室两厅设计，利用矮墙区分公私区域，墙的一面是客厅，另一面则是卧房。因业主喜好，客厅不做电视墙，而以收纳柜取代。走到卧房时，可见床组摆放在架高的木地板上，不做床架让空间宽敞许多。区隔公私区域的矮墙取代床头柜的功能。

图片提供：天空元素视觉空间设计所

◎ 材质使用。在客厅一侧运用深色的拓彩岩，融入木制收纳，为空间增添沉稳安静的气息，又兼具实用性。而主卧床头则采用胡桃木皮及白色漆。

✐ 尺寸建议。区隔空间的半墙通过精算宜为深度 35 ～ 40 厘米，以便收纳书本，高度约为110 厘米，上方为展示平台，实用性极强。

106

107

【墙面】 隔断界定

108
中式格栅矗立，有效分隔空间

将原本与客厅相邻的隔断拆除，释放出小型的起居空间，大量光线得以进入客厅。为了维持透光的效果，客厅与起居室以格栅区隔，格栅两侧加上活动拉门，开放和隐蔽功能兼具，而中式格栅的设计也符合业主喜欢禅风的空间氛围。

图片提供：大雄设计

109
镂空主墙打造半开放隔断

客厅电视主墙身兼隔断的功能，后方就是书房空间，白色烤漆墙面降低墙面的重量感，镂空的开口设计则是透过后方光线的差异性，让空间具有通透性，而非绝对的阻隔。

图片提供：宽月空间创意

◉ **材质使用。**格栅之间以强化玻璃镶嵌，让光线依旧可以长驱直入，又能阻隔落尘。格栅两侧则辅以铁件拉门，使起居空间在需要时能维持私密性。

◎ **施工细节。**制作格栅时需将木条固定于天花板上，维持本身的稳固性，而木作之间的玻璃则以硅胶固定。

◉ **尺寸建议。**镂空处以渐次疏密做排列，越靠近电视荧幕处越发散，避免后方光线、人影干扰观影。

⊚ **材质使用。** 玄关壁面分别以卡拉拉白大理石和黑网石铺陈，格栅的侧面则贴覆金属，中间再采用玻璃阻隔，维持透光的轻盈效果。

110

110+111
黑白对比的大气空间

一进门，气势磅礴的大理石壁面便映入眼帘，浅白的色系与右方的黑色镜面，呈现黑白对比的强烈感受。而玄关壁面同时也以格栅交错排列，减轻过于沉重的视觉体验。客厅一侧为配合沉稳大气的空间，改选用黑网石，乱数分布的自然网络，使之成为空间的瞩目焦点。

图片提供：大雄设计

112
45 度客厅主墙后隐藏吧台功能

由于整个基地形状不规则，因此空间设计从客厅的三角形区域产生联想，并利用文化石漆黑的主墙后方的空间规划吧台设计以及运用黑与白的交错搭配，在空间营造低调奢华的风格。

图片提供：拾雅客空间设计

112

⊚ **材质使用。** 电视主墙以文化石染黑，后方设置吧台及水槽。因顾及防水问题，因此吧台用黑色毛丝面不锈钢，既呈现出高贵感，又具有防水功能。

113
格栅隔断保证私密又不受打扰

主卧房的前后两端为更衣室与卫浴，运用格栅般的主墙隔断设计，作为动线的隐喻，同时借由光线或影子，提示空间正在使用中，也可减少光线防止打扰正在休憩的另一半。

图片提供：宽月空间创意

114
半高墙面界定空间区域

拆除原有的书房隔断，释放出连贯的整面窗景，使采光更好。半高的木质电视墙区居中，无形界定出客厅与书房的范围。悬浮的柜体设计，刻意营造轻盈的视觉感受，再加上不阻隔视线的开放设计，在感官上有效扩大空间。

图片提供：大雄设计

113

◎ **材质使用。**木质隔墙表面使用砂岩，以粗糙质感回应空间的自然诉求。

◎ **材质使用。**木质电视墙以镀钛金属包裹，铁灰的金属用亮面质感，略带工业风的现代气息。下方选用白色烤漆，除了形成对比之外，也借此轻化量体。

✐ **尺寸建议。**整体电视墙的高度约 160 厘米，是人站起来，视线能不受阻碍的高度。为了能符合视听设备的尺寸，下方的开放式收纳尺寸深 50 厘米、高 30 厘米。

114

1

墙面

墙面＋收纳

墙面＋隔断界定

墙面＋家具

墙面＋涂鸦纪录

墙面＋展示

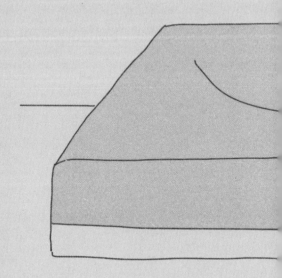

115 整合家具概念，
释放宽敞生活动线

不论是将床头主墙与床头柜、梳妆台作结合，
还是沙发背墙融合书桌家具，多者合一的家
具物件能减少空间的多余线条，更带来较为
宽敞的视觉效果。

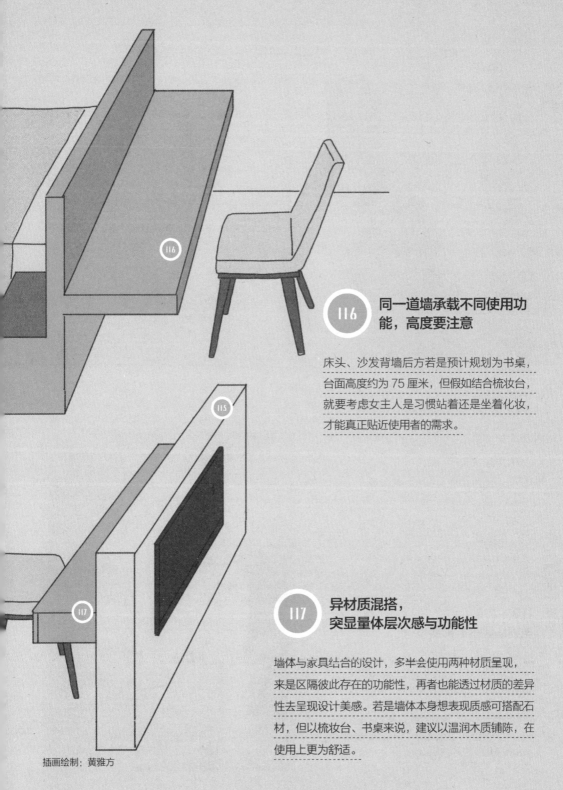

116 同一道墙承载不同使用功能，高度要注意

床头、沙发背墙后方若是预计规划为书桌，台面高度约为 75 厘米，但假如结合梳妆台，就要考虑女主人是习惯站着还是坐着化妆，才能真正贴近使用者的需求。

117 异材质混搭，突显量体层次感与功能性

墙体与家具结合的设计，多半会使用两种材质呈现，一来是区隔彼此存在的功能性，再者也能透过材质的差异性去呈现设计美感。若是墙体本身想表现质感可搭配石材，但以梳妆台、书桌来说，建议以温润木质铺陈，在使用上更为舒适。

插画绘制：黄雅方

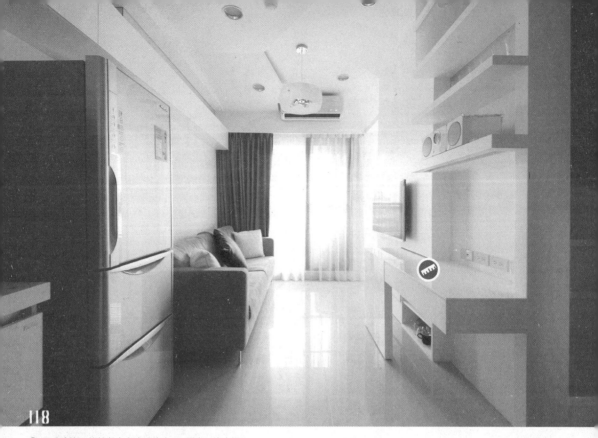

118

尺寸建议。伸缩餐桌高度设定在 75 厘米，比电视的 80 厘米略低，无论是身处书桌或沙发都能舒适观赏。桌子完全收纳于墙后时，可巧妙内嵌于主卧梳妆掀板与镜子之间。

【墙面】

家具

118＋119
电视墙暗藏 L 形餐桌

27 平方米的住宅中，除去厨房与浴室，只剩下 17 平方米左右空间可以运用，设计师利用复合式功能规划，赋予住宅更大表现空间。客厅是一家三口最主要的活动场所，为了能让功能更加全面，电视机墙面除了原有的书桌与收纳层板外，还在柜体中内嵌一张餐桌，使用餐或阅读都更加便利。

图片提供：瓦悦设计

119

尺寸建议。90厘米高度设计,正好便于赶着上班时站着快速化妆,同时也具备收拾整烫衣物、充当尿布台的功能;两侧略高5厘米的挡板设计,正是防止化妆小物滚落的贴心细节。

120

材质使用。呼应自然为主轴的空间设计,大量运用如石材、薄石板、木皮铺陈,连家具也特别选用拟石头质感的坐垫装饰。

121

120
床头主墙转个身变化妆台+尿布台

为了不用实墙区隔开寝区空间,使空间变得过度零碎,采用不顶天的双面柜体,具备化妆台、床头背板等多重功能,巧妙划分两个不同区块。落地衣柜采用亮眼的鲜黄色调,是为身为医护人员的业主夫妻贴心规划的,跳脱工作时单调的白,为居家寝区注入活跃生命力。

图片提供:相即设计

121
石墙融入书桌功能

客厅沙发背墙运用如壁炉造型般的石墙区隔出开放式书房,石墙后方结合书桌家具,搭配后方大面书墙的柜体概念,打造随处皆可阅读的生活形态。

图片提供:大湖森林设计

122

123

🌀 **施工细节。**几乎全部被石材包覆的巨大电视墙量体不显笨重，原因在于特别将下方踢脚线约 30 厘米处作内推处理，搭配由上往下照的间接灯光，顿时呈现轻盈飘浮面貌。

122+123
客厅、书房的一墙两用

质感温润的大理石墙不单是出现在客厅电视墙面，同时也化身书房空间的办公桌台。搭配优雅的造型切割与细腻的包覆，令墙面不仅功能十足，本身也是空间中最优雅的艺术品。

图片提供：白金里居空间设计

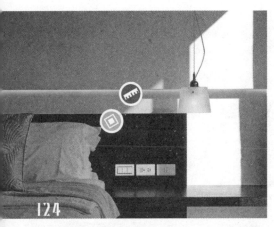

124

材质使用。黑檀木钢刷木皮纹理深刻、色泽饱和沉稳，与白墙辉映能呈现简洁的内敛感。

尺寸建议。墙面中段虽内缩4厘米，但床板与上缘墙面水平切齐，所以不会产生参差的凌乱感。

124
主墙延伸整合边几

床头利用段差形成进退面，再内嵌 LED 灯条；既可使墙面脱去平板增加层次，也借由白墙预留挥洒空间，使人造光与自然光堆叠出更多光影变化。舍弃活动家具拼装，直接将床板与桌台结合，既能轻化量体也能让家具成为墙面风景。
图片提供：奇逸设计

125
床头柜与书桌合而为一

为了考虑到禁忌问题，让主卧大床不对入口，同时避开浴室门，设计师索性将床铺居中处理，再将大床背板、床头柜、书桌三者结合在一起，以"整合家具"概念，减少多余线条，使其变身单一空间，卧房也多了阅读功能。
图片提供：相即设计

尺寸建议。虽然为同一家具，但为了使用方便，高度上也做出不同调整。
总长3米，床头柜高度为45～50厘米，书桌台面为75厘米左右。

125

126

🔘 **材质使用。** 采用木皮塑造吧台的自然纹理，桌面则铺陈白色人造石，搭配雾面、具有科技感的灰色调块体，产生不同材质的美感。

🔘 **施工细节。** 将电视墙嵌进吧台桌体，刻意以高矮不同的排列方式呈现，在材质与块体的不规则搭配下，增加墙面层次。

126+127
墙面结合吧台，小空间大功能

在 33 平方米的小空间里，将多功能设计注入居家空间内，透过一片简单的立面量体，巧妙结合了电视墙、餐桌、料理台等，并采用通透不做满的低墙设计，让客厅领域与餐厨区的使用者可自由对话，形成良好的互动。

图片提供：近境制作

127

128
沿墙找空间轻松变出书桌阅读区

卧房常遇到这样一个畸零空间，沿着墙面结合木作设计，规划出了一个完整的书桌阅读区，让一个空间同时拥有两种功能，无论是想专心阅读还是想小憩，脚步移动一下就能获得满足。
图片提供：大晴设计

129+130
电视、隔断矮墙、书桌三合一

因应男主人对电子产品的使用习惯以及加班需求，将书桌、电视墙、机柜等整合成一个多功能量体，给予男主人能在卧室工作与使用视听工具的便利，机器设备与插孔皆藏在后方桌面下，以维持墙面干净的视觉效果。
图片提供：成舍设计

128

● **施工细节。**将层板钉在墙上衍生出开放式展示柜，既牢固又不担心松脱掉落。

● **尺寸建议。**书桌宽度约 120 厘米，桌面内配置了约 4 个宽度 30 厘米左右的抽屉，可有效地收纳文具用品。

129

● **尺寸建议。**特地规划 1.2 米的高度使男女主人在同一空间做自己的事却能彼此不受干扰，ㄇ字形的设计塑造办公桌的工作情境，不需额外隔出独立书房也能达到专注效果。

130

◎ **材质使用。**毛丝面不锈钢、清玻璃

131

电视墙横向延伸多功能台面

在卫浴玻璃隔断之外设计了一道电视墙，利用电视墙面造型规划了多功能平台，可作为化妆台或简易书桌，桌面上的物品藏在简洁的电视墙后，让空间保持简单，且具备诸多实用功能。

图片提供：CJ Studio

132

床头板与边几一体成形

家具设计以一体成形为主要概念，让家具空间化，演绎着形随功能的设计理念。房间空间色调以暖灰色为主，保持同一种时尚简约的基调，也营造轻柔舒服的空间氛围。

图片提供：CJ Studio

133

让主题墙面串联空间的互动

不希望空间过于制式，又希望能各自划分功能，设计师以一面主题墙满足这些需求。首先材质选用木板加黑玻，利用黑玻作为柜体层板，化解立面全是木作带来的沉重感，柜体部分规划为书桌，节省空间的同时也具备开放式书房功能。原本各自独立的客厅、餐厅、书房则借由主题墙的串联，扩大空间面积的同时也更具互动性。

图片提供：邑舍设计

【墙面】家具

◎ **材质使用。**人造皮

◎ **材质使用。**采用玻璃作为柜体层板，需使用强化玻璃确保安全，玻璃具有穿透效果，若加入灯光设计，便可增强其通透、轻盈的视觉效果。

134 折纸概念融合空间与家具

打破墙面、天花板的僵硬框架，改以折纸概念作为设计主轴，从卧房的地面，到床头转折为墙面，向上成为主卧卫浴的天花板，并将空间包覆起来，还延伸成脸盆的台面与浴缸，家具和空间一体成形。

图片提供：CJ Studio

⊗ **施工细节。** 由于天花板有梁经过，由床头板延伸的天花板也有弱化量体压迫的效果，转折接合处的曲线弧度经过精密计算与测量，创造出流畅无碍的效果。

1

墙面

墙面 + 收纳
墙面 + 隔断界定
墙面 + 家具

墙面 + 涂鸦纪录

墙面 + 展示

插画绘制: 黄雅方

135

黑板漆至少涂刷 2～3层，干透 后才能使用

黑板漆的粉刷方式，建议选择滚轮涂刷，除可让涂料均匀分布之外，平整性也较好。无论使用滚轮或刷子，至少涂刷2～3层较为理想，色彩饱和度也较好。施涂后，被涂面必须等12～24小时干透后才能使用，建议干透后再让它静置2～7天后再使用，可让整体效果、质感更加稳定。

136

多样色彩供选择，清洁维护更容易

黑板漆已突破色系上的限制，除提供多种颜色选择外，也可依所选颜色进行调色。使用时尽量避免以尖锐物去刮它，清洁保养时用湿布擦拭，即可将字迹、图画清除干净。

137

磁性漆让黑板漆 多了铁板功能

为了让家中的黑板墙也能吸附磁铁，只要在黑板漆底层，先涂上一层磁性漆，就可以吸附带磁铁的便条纸或是照片。

尺寸建议。书房地板架高15厘米，孩子在地上玩不会感受到冰冷的地气。

138
给孩子一面自由挥洒的墙

和客厅相连的客房，设计师特意开了一扇落地玻璃窗，并装设白色木百叶，视需求赋予人和空间彼此串联或各自独立的关系。架高15厘米的木地板，可让业主尚年幼的孩子作为游戏室，一面黑板漆墙留给孩子挥洒创意。

图片提供：珥本设计

139
好擦拭、不掉灰的磁性黑板墙

黑板主墙位于客厅一隅，是与主卧更衣间的隔断墙，也是从大门进入的视觉端景。采取可用湿布擦拭重绘的环保黑板漆，其使用的环保粉笔也不会掉灰，是主妇一大福音。设计师特别在木芯底板上加上一层铁板，除了增加平整度外，也令黑板墙具有磁性效果。

图片提供：法兰德设计

施工细节。壁面使用环保黑板漆，需要专业施工。环保黑板漆其实是一层贴膜，施工时底材必须非常平整，否则很容易脱落。

○ 施工细节。墙面上完底漆后，黑板漆需涂两层以上，涂料分布才够均匀。若是想兼具黑板和磁性功能，需先涂两道磁性漆，再涂黑板漆，黑板漆的颜色才不会被磁性漆盖掉。

140
黑板墙成为空间衬底

这是一个三口之家，业主想让小孩有个尽情挥洒创意的地方，在餐厅背墙涂上黑板漆，不仅能作为家人留言沟通的媒介，也能适时装点家中风景。相邻的书房拆除原有隔断，光线得以深入餐厨区，也增加了空间广度。

图片提供：Z轴空间设计

141
烤玻、磁铁留言墙面

取材自《汤姆·索亚历险记》中的"树屋"概念，将夹层上方设定为三个孩子的寝区，壁面的白漆楼梯隐喻台阶意象，代表孩子的无限创意及想象力。楼梯下方则是餐厅旁卧榻区，不只具备收纳功能，等同于双人床大小的尺寸也可作为临时客房使用。

图片提供：馥阁设计

◎ 材质使用。楼梯主墙实际由三块烤玻铺垫铁片组成，下方则为白漆背景，露出象征台阶的白色线条，呼应"树屋"主题。

✎ 尺寸建议。磁铁墙面宽222厘米、高340厘米，除了能当磁性留言板外，孩子们也可用浅色白板笔在上面写字、画画。

CHAPTER

1

墙面

142 壁面展示，
让家更有人情味

开放型的陈列方式，让壁面层次更显丰富，可结合居
住者的喜好，利用墙面展示生活物件、二手杂货等，
让家更富有味道。

3D图面提供：纬杰设计

143 涂装木皮板，
创造实木质感

墙面结合展示的柜子或层架，没有预算用实木贴皮，也可以选用现在最流行的
涂装木皮板取代，这种木皮板是一种贴于薄夹板上的天然实木皮，表面进行钢
刷处理。木层够厚的话，有时候看起来甚至就像整块原木。

五金选用。帽子展示所使用到的五金为黑铁圆棒，搭配墙内嵌可抽取式螺栓。

144

抽取式螺栓＋透空铁网，创造收藏风景

利用客厅左侧墙面规划出展示功能的设计，墙面为亚麻仁油的壁材材质，采用藏青色与室内黑色基调结合，书架部分为V字形透空铁网，有V单元及W单元，让墙面可多元化组合书架。

图片提供：力口建筑

145

琉璃、茶具专属打光舞台

餐桌旁的展示墙面，规划为显性的琉璃收藏品展示架，以及门扇内隐性的餐具、杂物收纳。展示层架素材基本上都是相同的，单纯运用光源角度与陈列方式的变化，灵活表现茶杯、琉璃各自的沉稳、清透等不同属性。

图片提供：相即设计

施工细节。不同柜体依照展示品不同各装设所需的灯光效果。茶杯适合投射灯、隐藏灯管的侧边间接光源；装设于层板底部，由下往上打灯，凸显琉璃的渐层设色与线条。

材质使用。壁面与天花板采用一致的柚木贴皮，达到质朴的背景效果，成为凸显展示品的最佳舞台。

146

● **材质使用。**展示窗底面为橄榄绿烤漆玻璃，方便清洁，内侧四周框缘材质则为风化木喷漆。隐秘的细节仍用心处理，大大提升整体装修质感。

● **尺寸建议。**为了修齐原本墙面与柱体的落差，木作墙厚度约为20厘米，而展示小窗深度为16厘米，可放下各种盆栽、灯具等物品。

● **尺寸建议。**为了化解90厘米X20厘米立柱凸出的锐角，利用流线弧形壁板作修饰。上方的蛋形开放展示架高度为40～45厘米，深度约15厘米。

● **施工细节。**圆弧流线壁板需要经过打底放样，确认精准的尺寸与角度，再做出一道道不同厚度的立板木条支撑弧度变化。

146
木作展示墙解决压梁问题

由于床头上方有不规则的横梁，于是使用木作墙面消除各种凹凸转角，令睡寝区整体视觉更加平整舒适。墙面刻意设计为不规则的展示小窗，可随自己心意摆放盆栽、相框等装饰品，当然也能单纯当床头柜使用，摆放眼镜、手机等随身物件。

图片提供：明楼设计

147
流线壁板修饰柱体兼具展示功能

沙发旁遇到结构柱体转角怎么办？可以使用造型木作壁板，画上一道飘逸的流线，顿时化解转角的锐利感；再在上头挖个蛋型展示区，辅以间接光源衬托，表现不按常理出牌的趣味性，让空间可以有更多的表情。

图片提供：明楼设计

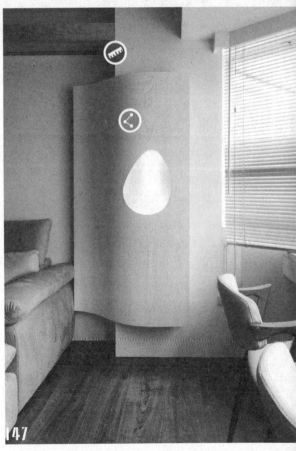

147

148

⊙ **材质使用**。柜体以铁件、木作相互勾勒成形，架构在观音山石背墙上，造型简单却隐含禅意。

◇ **施工细节**。运用预埋方式固定层板及方管铁件，达到不露螺丝的完美接合收边。

148
开放层架对应用餐区，兼具实用性与装饰性

在邻近餐厅区的墙面设计开放式层架，让摆放的艺术作品成为端景，最下层增加抽屉式收纳，可简单收整杯盘刀叉等餐具，结构式的造型设计，使层架本身线条也具有装饰性。

图片提供：尚艺室内设计

149
树枝状造型增添隔断趣味

为了将空间可用性发挥至最大，设计概念以餐厅与书房可重叠并用为主，在两张桌子中间利用树枝状造型屏风分隔，镂空处亦可摆放小物展示，满足实用性也不失生活趣味。

图片提供：演拓空间室内设计

149

⊙ **材质使用**。两张桌子刻意使用不同材质，木质与白色的跳色让空间多了活泼感。

⊘ **尺寸建议**。桌子大小必须配合隔断屏风的尺寸，可以选择定制的活动家具，省掉找家具的困扰。

150

柜，也能如音符旋律般跳动

琴房旁的墙面引入琴键音符的跳跃意象，不同高度的木制方盒、方柱此起彼落地散在墙上，配合灯光如同旋律般流泄，白色层板让柜面更加轻盈；展示墙也汇集了各种收纳功能：除了依照琴谱尺寸量身规划的掀门柜，也置入台面与层板作为展示平台，其中部分台面做内凹处理来放置零碎小物。

图片提供：成舍设计

151

发光矮墙成为入门端景

以一道玻璃矮墙结合灯箱的设计端景作为玄关入口的第一视觉，它同时也扮演着展示与隔断的功能，混搭人造石、铁件与玻璃材质，达到精致细腻的空间质感。

图片提供：界阳&大司室内设计

◉ **材质使用。**底部使用浅色壁纸，在视觉上让木制方盒、方柱跳脱而出，更具立体感；配合灯光设计使深沉木盒的组合律动起来。

◉ **施工细节。**展示平台有长达 400 厘米的结构需要进行焊接，接着油漆进场将铁件烤漆，装设灯管并封上玻璃，最后再以人造石修饰木作平台，展现一体成型无接缝的效果。

施工细节。墙面运用灰色烤漆色调铺陈，搭配金属、铁件材质，更具质感。

152

几何开口构成相片展示墙

客厅与玄关的隔断墙上，设置几个长形、矩形开口，开口深度3～5厘米，提供业主收藏喜爱的全家福相框或是装饰物件，也兼具厅区的视觉端景功能。

图片提供：界阳&大司室内设计

153

既是墙也是柜还是视听架

运用梧桐木皮的纹理营造墙面自然氛围，并善用木板缝隙作为CD收纳区，除了收纳柜之外，也设计了打斜的梯式展示架，将视听设备摆放于此，让电视墙保持干净利落。

图片提供：演拓空间室内设计

154

水管组合书墙，鲜黄色烤漆营造乐趣兼做收纳

由于餐厅的主墙不到200厘米，用任何柜体，都会显得太过拥挤，因此将水管漆成鲜黄色，再通过水管零件及原木层板，取代传统书柜，也营造出俏皮十足的工业风，更界定出用餐空间，然后搭配实木铁脚的餐桌及玫瑰金色吊灯，营造北欧温馨感。

图片提供：好室设计

【墙面】展示

施工细节。楼梯式的展示架以斜放设计为主，层板刚好可卡于左右两侧，不用担心稳固性。

材质使用。墙面选择直纹的梧桐木皮，再搭配直向的切割线条，具有拉高空间的效果。

施工细节。想要维持水管的色彩，必须先将所有套管及零件送至工厂烤漆，并将层板穿孔后，再进现场。先在地板固定住，再由下往上一层层套管，放层板再套管组装。

尺寸建议。整个展示柜高约200厘米，宽度150～160厘米，裸露的水管可以吊挂任何饰品，方便好用。

155　拼贴火山岩主墙成艺术品舞台

住宅属于私人招待所性质，宴客、聚会、友人留宿才是主要功能，因此，更加注重人与人的联结、互动。走入玄关，以结合了展示台的主墙为隔屏，创造出环绕动线，形成开阔的围聚场所。

图片提供：宽月空间创意

◈ **材质使用。**质朴火山岩以宽窄、厚度不一的拼贴方式，以及结合实木条与灯光效果，以材质的变化性增加设计的细腻度。

尺寸建议。为了解决因电箱、梁柱等造成的墙面高低不平问题，主墙运用木作拉平，只保留 20 厘米的柜体深度作杯子展示。吧台高 120 厘米，刚好能阻隔来客视线，使内部桌面杂物不外露。

材质使用。原本的走廊上方采用云杉作天花板，拉齐厚梁。吧台则以木作为主体，并选择马卡龙的淡绿为主色，精心调制出轻盈感，又同时具备南法风味的慵懒、晕染色调。

156
拱门展示架点出南法乡村主题

空间的前身为车库，为了解决入口壁面不平整的问题，遮蔽电箱、梁柱等不能挪移的固定障碍，设计师利用木作做出一道平整的主墙面，切割出南法乡村风格的拱门展示架，渲染以清新的马卡龙绿，摆上主人精心收藏的可爱杯盘，完美营造出温馨可爱的吧台小天地。
图片提供：亚维空间设计坊

157
玄关端景墙布满收藏的小物件

利用玄关区内的墙面与空间，砌了一道端景墙，同时也兼具收纳展示柜的功能。墙面不单只是墙面，还多了置物与展示功能，可以将自己收藏的小物件展示出来，这是能让小环境里多了一处制造视觉焦点的设计。
图片提供：丰聚室内装修设计

材质使用。特意在柜体的门扇中贴了木皮，在全为纯白的同色系中创造出对比视觉感。

施工细节。柜体除了作为展示柜，也可作为结合抽屉，让使用功能更多元。

◉ **材质使用。**墙体以天然石为面材，适时添入不锈钢材质，将灰阶色彩做出协调搭配，并在粗犷感与金属感之间，丰富材质层次。

158

158

墙面结合端景，功能融合美感

采用粗犷纹理的大面积灰色石墙，丰富了居家空间里的天然表情，并于墙体中央做出狭长的内凹空间，以通透深色镜材质为背景，成为一个精巧的展示置物台，并融合了天花板的悬吊灯饰、泡茶木桌等，形成深具禅意的大幅美感端景。

图片提供：鼎睿设计

159

风雅有致的用餐空间

喜欢留下旅游记忆的业主，将在希腊旅行的视觉经验实体化，洗出大型的照片并贴覆在餐厅的假窗上，餐桌与假窗同高，让视线仿佛向外延伸，在用餐时也能欣赏风景，完全颠覆原本狭隘空间的局促感，营造浪漫风雅的用餐环境。

图片提供：摩登雅舍室内装修

159

◉ **材质使用。**在木作墙面加上两扇百叶假窗，而中央的风景则用大型照片展示，背面再以粘扣带贴覆，方便随时能够替换。

160

○ 施工细节。纤细的铁件展示架,后方以一个正方形钢板为底,再将钢板锁在隔断墙上,最后贴木皮。

160
十字钢板架,随意摆放都好看

餐厅后方墙面采取3毫米厚的铁件构筑十字造型展示架,即便没有摆放家饰,本身也是一种装饰。
图片提供:怀特室内设计

161
镂空展示墙让环境有了界线

餐厅与起居间皆为开放式设计,但为了让两个环境能有所界定与区隔,在中间加了一道镂空展示墙,穿透性设计不破坏彼此的视野与尺度,也能使空间的表现在视觉上更清晰利落。
图片提供:大晴设计

161

○ 施工细节。镂空墙沿梁下运用木作重新砌出一道新的墙,由于宽度以梁宽作为基准,呈现时就不会觉得太突兀。

○ 材质使用。展示柜中运用包覆木皮的层板做层格切割,恰好与其他柜体色系相呼应。

[墙面] 展示

162

施工细节。周边适度的留白以及跳色处理使柜体本身也具有展示作用。

162
色彩与留白，格柜成为展示端景

经过墙面与柜体的比例掌握，让展示柜停留在墙面中心，高度的特意安排也使之成为空间的端景。身兼展示与书柜两种用途，规划出多个收纳格，以固定且等距的方格架构出秩序美，也能避免多重的层次框架在摆入展示物品后产生的凌乱感。

图片提供：成舍设计

163
墙结合餐桌，还多了收纳功能

为了提升公共空间的对话互动性，刻意将电视墙与吧台结合，让此墙具备视听娱乐与用餐功能，同时在墙的表面嵌入收纳展示柜，切分出线条，此多功能设计不仅一物多用，更展现出物体与不同材质搭配之美。

图片提供：近境制作

材质使用。电视墙吧台采用纹理深刻的实木皮铺陈，彰显自然材质，与背景墙形成呼应，在光影之间形成温润自然的质感。

施工细节。经过载重测量，以灰色铁件作为柜体材质，让冰冷特质与温润木质形成对比，并利用薄铁片的特性，扩大收纳空间。

164

施工细节。依车架尺寸与角度设计吊挂墙，三条皮革绷布避免车架跟墙面的碰撞，也恰巧丰富了墙面表情。

164
单车车架化身独特的展示艺术

玩单车的业主需要一处放置组合单车以及展示车架的空间，将工作区安排于客厅后方，并结合两者需求，直接让业主心爱的车架与组装工具成为展示品，也是公共空间的展示端景。
图片提供：成舍设计

165
独一无二的个人化形象墙

以业主个人的收藏作为玄关进门的第一视觉，大理石底座衬出单车的独特与珍贵，利用白色文化石为底，散发出年轻人的率性气息，并将业主爱好的重机车、跑车、单车品牌标志通过等比放大激光切割，成为最具个人化的自我展示墙。
图片提供：成舍设计

165

材质使用。白色文化石体现业主年轻与率性的特质，作为重机车、单车、超跑的标志称底再适合不过！标志使用黑铁激光，黑白对比加上打灯，使整体形象更加鲜明。

【墙面】展示

166

166

沙发墙加端景台，展示立体美

客厅的沙发背墙做出大面积造型设计，给人留下深刻的视觉印象，同时，也随意做出几个内凹台面的设计，里面搭配优雅的光源照明，再摆放上书籍、家饰或艺术品，形成展示端景，美化了居家环境。

图片提供：近境制作

167

造型书墙串联空间主题

业主喜爱开阔的空间感，因此客厅、餐厅做开放式的规划，在偌大的墙面，以黑、白色烤漆的木板作纵横双向交错设计，打造兼具书柜与展示柜功能，充满线条感的柜体，不仅具备串联客餐厅功能，而且是极具视觉效果的造型墙面，更有放大空间的作用。

图片提供：邑舍设计

◈ **材质使用。**墙面采用木作烤漆，在浅色调中释放细腻纹理，展示台面以镜面为背景材质，照映出展示品的全貌。

◈ **施工细节。**将层板做出弯折的角度，并采用进退面的交错手法拼接成整个墙面，营造出居家空间的立体律动感。

◈ **施工细节。**以厚实的纵向木板嵌入墙面，再将横向板以不接墙方式跨在白色木板上，让上端光源可流泻而下。

167

◉ **材质使用。** 开放的展示柜体沿墙面分割，以表面带有横纹的瓷砖铺底，并加上间接照明，光线洒落使素材的肌理更为凸显，呈现丰富的视觉层次。

168

168
分隔层架弱化气窗存在

业主本身的物品繁多，再加上壁面上方有横长的气窗，使墙面出现缺口。为了平衡视觉，沿着气窗陆续切割出或纵或横的开放层架，将气窗隐匿在后面，借此降低存在感。而左右两侧设计密闭的大型柜体，满足大量的收纳需求。

图片提供：大雄设计

169
超强功能的洞洞板墙设计

在这 46 平方米的小空间里，要实现客厅、餐厅及卧室功能，因此这个厨房及餐厅的转折墙面，要利用松木层板创造小木屋般的感觉，利用打洞加活动木柱及层板、挂钩的方式，增加厨房及生活中的收纳功能。而最下层则为 L 形桌面及台面，方便活动时置物使用。

图片提供：好室设计

◎ **材质使用。** 从天花板至墙面，甚至桌面平台，都是由松木建构而成的，搭配木柱卡榫，可以挂物收纳，或是加层板展示。

◁ **施工细节。** 由于要挂锅碗瓢盆等物品，因此木柱的支撑力很重要，角料及松木板要与实墙距离 10 ~ 15 厘米，木柱长度也不能超过 50 厘米，才能牢牢地支撑吊挂物品。

169

◎ 施工细节。利用木作夹板偷一点空间以放置所有管线,包括电线、照明等,然后用文化石及造型展示架营造电视主墙风格。

170

170

电视主墙内隐藏管线,蜂巢展示架形成焦点

在 43 平方米的小空间里,客厅保留挑高设计,电视主墙以文化石做了假墙,将管线隐藏在墙壁夹缝里,而蜂巢状的展示架以绿柜黄底在白色墙上形成焦点,并将蜂巢设计延伸至电视下方的机体收纳柜,里面摆放业主旅行时收集的各式收藏品及 CD,也可化解墙面的单调。

图片提供:拾雅客空间设计

171

达到展示、点缀空间的目的

由于有办公的需求,在原本空无一物的空间中设置入门端景墙,并依墙纳入桌椅,围塑出会议区域。端景墙的背面嵌入黑色开放柜体,不仅可作为展示作品,也能借此点缀美化空间。另一侧的墙面则用花砖铺满,成为空间的瞩目焦点。

图片提供:摩登雅舍室内装修

171

◎ 材质使用。在净白的端景墙内,嵌入全黑的木质柜体,呈现黑白对比的强烈视觉差,墙面两侧则用雕花玻璃界定区域,也让空间保持适度的隐秘。

2 柜体

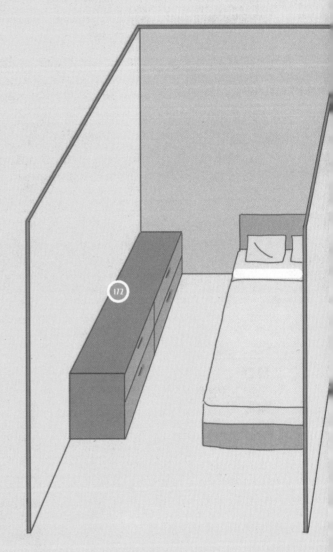

柜体 + 储藏

柜体 + 隔断界定

柜体 + 家具

柜体 + 展示

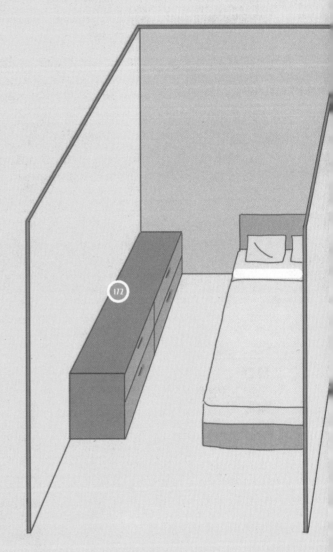

172 木贴皮
收边较有质感

木作柜收边最常用的是木贴皮，木贴皮可分为塑胶皮和实木贴皮。实木贴皮的表面为 0.15 ~ 3 毫米的实木，背面为无纺布，需用强力胶或白胶粘贴。但是，用强力胶的话，柜体表面不能再上油漆或油性的染色剂，否则会因产生化学作用而脱落。

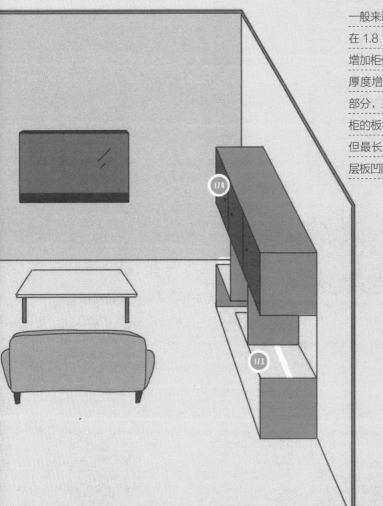

173 跨距最长不要超过 120 厘米，层板加厚更耐用

一般来说，系统书柜的板材厚度多规划在 1.8 ~ 2.5 厘米，而木质书柜如果想增加柜体耐重性的话，有时也会将层板厚度增加到 2 ~ 4 厘米。柜体跨距的部分，系统柜应在 70 厘米内；而木质柜的板材密度较高，可做到 90 厘米，但最长不要超过 120 厘米，以免发生层板凹陷的情况。

174 钢琴烤漆可展现光亮质感

钢琴烤漆为多次涂装的上漆处理，工序至少会有 10 ~ 12 道，再加上需染色、抛光打磨，因此价格较高，而一般烤漆的工序较简单，大约 3 ~ 4 道，价钱会再稍低些。

175

○ 施工细节。曲线柜对尺寸精确度要求高，板材最好直接在工厂进行激光切割后再到现场组装。

◎ 材质使用。用浅色枫木可轻化量体、保持明亮造型，衬上灰喷漆背板则可增加视觉层次。

175

曲线柜化收纳为积木玩具

度假空间以趣味做设计主轴，利用曲线造型让原本方形的柜体，摇身变成大型的侏罗纪恐龙骨头拼组积木，既实用也因非线性变化增加想象空间。流线蔓延至天花板，除了强化区域整体感，也让日夜光影表现更具活泼感。
图片提供：大器联合建筑暨室内设计事务所

176

收纳柜墙增加厅区储物量

客厅保留旧窗增加对流与光线，但因与玄关直接连通，于是用对称手法拉大柜体长度，使墙面产生平衡感。借两扇浅灰活动门扇化解深色背景的厚重感，再通过门扇开合使柜墙能有更丰富的变化。
图片提供：大器联合建筑暨室内设计事务所

177

90 厘米矮柜可供整烫折叠衣物

ㄇ字形床头板转折联结长度为 180 厘米的抽屉矮柜，材质延伸的手法令卧房视觉上更有整体感。矮柜规划为 12 个抽屉，以弥补衣柜收纳空间不足。柜体台面可供折叠衣物，铺上厚布亦可用来整烫衣服。
图片提供：相即设计

176

◎ 材质使用。柜墙除木、铁之外还背衬深灰壁纸，借复合式材质交叠出更细腻的视觉享受。

○ 施工细节。门扇以勾缝拉高视觉再用黑铁件强化线条，除可增加材质对比外，当门扇分立两侧，黑铁件亦可形成边框效果。

177

✎ 尺寸建议。矮柜高度设定为 90 厘米，方便作为工作台面使用，无论是折叠或烫整衣服，都能在不弯腰的情况下轻松进行。上方展示架则后退 20 厘米，保障业主低头使用时不会撞到。

◎ 材质使用。矮柜台面采用强化黑玻，透明特性方便寻找第一层抽屉摆放的配件、首饰。强化黑玻虽具备一定耐热度，但熨衣服时还需铺垫厚布确保安全。

178 270 度使用的收纳量体

环绕着一进门的粗柱，组合式量体贯穿玄关、客厅、餐厅，身兼玄关柜、猫别墅、
备餐台等多样功能，可以 270 度使用，令运用功能达到极致。业主喜爱的黑白色
调自然融入住宅之中，营造摩登简约的时尚面貌。

图片提供: 白金里居空间设计

🔘 **尺寸建议。** 整合进门处玄关柜与餐厅备餐台设计的超
大玻璃量体，其实是为业主的爱猫精心打造的超豪华猫
别墅。

🔘 **材质使用。** 以黑色烤漆与清玻璃交错搭配，加上玻璃
门可视需求开启或关闭，让猫咪游走其中。猫砂盆则放置
于猫房下方的抽屉，让主人收拾起来更加便利。

179

◈ **五金选用。** 左侧展示柜搭配折门，透过十字铰链、上下轨五金，可弹性决定开放或阖起。

◈ **材质使用。** 运用黑板漆、木皮染黑、壁纸等材质去创造出不同质感的黑色。

◈ **尺寸建议。** 约 400 厘米长的 U 字形电视柜体隔屏，回字动线结合不做满的手法，让客餐厅保持通透。

◈ **材质使用。** 以木作手法弯出 U 形曲线，为空间带来线条感，同时也减轻用甘蔗木包覆的结构梁的负担。

【柜体】

储藏

179

打开巧克力形状柜体，衣服、鞋子、设备通通收纳

客厅存在着大柱体，设计师顺势依据柱体深度规划出大面收纳柜，一格格有如巧克力般的柜门之内为鞋柜和衣帽柜，最左侧折门内部则是书柜与展示柜，将多元的收纳全部集中在一起。

图片提供：甘纳空间设计

180

U 字形电视柜界定空间区域

由科技感的喇叭及电视造型延伸设计的 U 字形电视柜，为客厅带来强烈的视觉焦点，同时借由渐进推升的斜面天花板设计，弱化结构梁体的室碍冲突。并在电视柜下方做机体收纳，左侧则为 C D 柜体收纳，在收纳、功能、美观中取得平衡。

图片提供：子境空间设计

180

181
将强大收纳功能隐藏在空间里

透过架高木地板及书桌兼沙发背墙设计区隔出公共空间里的客厅及书房区域，染黑胡桃木台面下则设计为抽屉式的文件柜及对开的收纳柜。另玄关柜延伸至餐储柜的强大收纳功能，以黑色勾缝部位隐藏把手设计，同时也凸显白色烤漆柜面的明亮利落感，强调视觉对比，满足居住者的使用需求及功能。

图片提供：子境空间设计

182
白色方块堆叠，装饰艺术收纳

业主有大量展示收藏需求，特别在客厅及餐厅的转角墙面，以积木错落堆叠的概念，设计一道结合开放及隐闭式收纳的墙面，作为收纳及陈列艺术品的展示区，醒目的造型也成功装点了空间。

图片提供：尚艺室内设计

◎ **材质使用。**沙发背墙兼书桌采用胡桃木染色处理，玄关柜及餐储柜则以白色烤漆处理。书柜的名片把手及高柜的黑色勾缝把手，让线条更简洁一致。

◎ **施工细节。**白色方块为木作喷水喷漆，事先预制，后再在现场堆叠组合成墙面。

183

◎ **材质使用。**柜体以白色烤漆搭配胡桃木皮做对比呈现，让量体更有层次与变化。

183
双色柜体整合收纳，悬空更轻盈

房子小更须备具良好的整理功能，才能避免压缩空间面积，将玄关、客厅必需功能整合为一面柜墙，隐藏鞋柜、书柜、收纳柜，电视墙下方悬空设计还能收纳玩具箱。

图片提供：甘纳空间设计

184
黑板漆柜集中收纳鞋物、书籍

从玄关延伸至内的黑板漆柜，整合了收纳鞋、衣帽、书籍甚至是书桌的功能，浅木色平台的深度则提供随手摆放钥匙的空间。

图片提供：甘纳空间设计

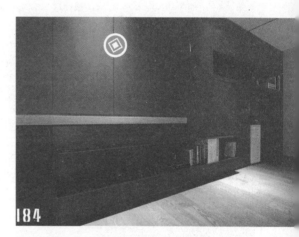

184

◎ **材质使用。**业主从事教学工作，常需要与友人讨论课程，因此柜体表面刷饰黑板漆，方便书写。

185

施工细节。柜体形式化后进而艺术化，看似冷静的几何线条，其实被赋予如一幅画作的生命力。

185
收纳变成艺术

通往卧房的走道墙面，利用走道宽度增加浅收纳柜，方便存放卫生用品，直纹背景之下以几何方块堆叠创作出画作般的储物柜。

图片提供：水相设计

186
铁板与木作展现收纳美型

收纳柜本身也可以是空间中的美感焦点，运用铁板结合木作的手法，再借由粗细不一的切割，让柜体能符合不同尺寸的展示物品，即使什么都不放，也是美丽的风景。

图片提供：演拓空间室内设计

186

材质使用。为了让柜体呈现更利落的质感，层板选择薄型铁板取代较具厚度的木板。

尺寸建议。虽然宽度、高度因分割造型而不同，但还是要考虑一般收纳物品的尺寸，才能兼顾实用性。

收纳功能、转折动线巧妙结合

书房后方的墙面结合书柜，满足了书籍收纳与展示需求，并透过黑色与白色的反差色彩搭配，塑造简练的人文之美，并让此墙一路延伸至走道，形成家居中的过渡地带，串联起了公共空间与廊道，成为一条导引的动线。

图片提供：近境制作

188

隐身于墙的储物收纳柜

利用房子先天的墙面在餐厅延展出一个大型储物柜，将收纳需求统整于立面，隐身于墙体的收纳设计，不仅方便收纳也让空间视觉更加干净，顺着电视墙延展出的浅柜作为展示。

图片提供：成舍设计

◎ **材质使用。**以钢琴烤漆作为柜体面材，展示架层板则采用黑铁，创造雾面与亮面、黑与白的对比趣味。

◎ **材质使用。**木皮底板让整个白色柜体跳脱出变化。

188

189

◀ **施工细节。**相较于一般水泥粉光的偏浅灰色调，此处水泥墙面的色彩经过不断试验而来，独特的渐层色泽，与凹凸立体纹路，原始中带有粗犷的视觉效果。

190

◉ **材质使用。**开放式衣柜采用商业空间设计用的白色烤漆铁管做支架，而柱面空间也不浪费，使用金属横杆增加收纳功能。

◀ **尺寸建议。**利用柱子的深度，搭配宽 120～150 厘米，高约 180 厘米的隔间，将衣柜分为上下两层，让衣物收纳功能发挥到最大。

189
高低落差结构创造收纳橱柜

利用独栋住宅既有的复合楼层特性，在一楼的落差处开辟出收纳柜体，可将客厅常用到的杂物整理于此，或是摆放书籍等物。
图片提供：纬杰设计

190
开放式衣柜，金属横杆放书也可挂领巾

开放式衣架，设计师体贴地在下方设置嵌灯，让空间光线柔和，在整理衣物时提供足够的照明。壁上的金属横杆，放上书本不仅可遮蔽原来消防警报按钮，也很有文艺气息。
图片提供：天空元素视觉空间设计所

◎ **施工细节**。独立出来的长型"街"柜，柜体的背面，为进入主卧、书房的门廊，也区隔出另一个从更衣区、主卧到书房，最后将视觉停留于电视石墙的视觉走廊。

◢ **尺寸建议**。长约250厘米的长柜，为轻量化柜体视觉，刻意将下方内缩，上方镂空穿透，达到采光通风兼具的目标。

191

玄关柜转角鱼缸，兼迎宾地景及夜灯

通过一个兼具过渡走廊与储藏功能的墙体，来串接公共厅区与私密房间。走道上的柜墙，转角设计的鱼缸，不仅具备展示功能，充当进出内外迎宾的地景，也作为深夜回归，留给家人的一小点光明。

图片提供：尤哒唯建筑师事务所

192

善用环境变出储藏室不再是难事

空间仅7平方米要拥有储藏室不再是难事！设计者善用空间挑高优势，在书房的夹层下方，规划餐柜及大型物件的储藏室，结合拉门可以做不同收纳与储藏的转换，除了做到善用环境，也让家中随时保持井然有序的面貌。

图片提供：漫舞空间设计

193

一柜两用，空间更干净

喜爱干净简单的业主，对于居家也要求简洁利落，再加上只有一人居住，因此一入门仅以一座悬空的方形柜体作为鞋柜。而柜体右下方刻意改成开放式，可置放DVD等视听设备，同时兼具玄关和客厅柜体的功能。亮蓝色的烤漆，在黑白空间形成最引人注目的焦点。

图片提供：Z轴空间设计

◢ **五金选用**。储藏室的门以拉门为主，特别将轨道设置在上方，进一步做到善用空间，增加开关门的方便性。

◎ **材质使用**。以薄片的黑色石材贴覆在木作柜上，呈现原始素材的肌理，自然石材也呼应白色火头砖墙的粗犷感受。

◢ **尺寸建议**。由于需同时收纳鞋子和视听设备，柜体深度做到45厘米左右，可以随心所欲放置物品；70厘米的宽度，在空间中呈现适当的比例。

[柜体] 储藏

194　倒卧在柜体间的绝妙设计

业主本身喜欢不造作的 Loft 风格，对设计的接受度也高，因此刻意在电视墙面以歪斜的柜体做出视觉的突破，看似倒卧在两个柜体之间，成为空间中最抓人眼球的焦点。烟熏般的门扇，粗犷又沉稳，与雾灰色的空间风格相辅相成。
图片提供：Z轴空间设计

◉ **施工细节**。在两个系统柜之间，以壁虎固定中央的柜体，同时需准确测量柜子角度，避免过于歪斜，导致门扇难以开启。

◉ **五金选用**。门扇以美耐板贴覆，在门扇的中心轴线和连接柜体的地方，皆以铰链开合，让门扇得以通过く字形的方式开启。为了增加门扇承重力，增加了铰链的数量。

195 运用反骨设计的线弧与结构设计玩体感游戏机的电视柜

由于业主的体感游戏机的配备十分齐全，因此在设计这个电视柜时，可说是为游戏机量身打造，甚至拿掉了一个隔断，让游玩的空间变大。透过流线型线条设计柜体结构，营造视觉焦点及趣味感。

图片提供：天空元素视觉空间设计所

◉ **材质使用。** 运用木作曲线做出有流动韵律感的电视墙造型。开放式设计，让游戏机的无线可以无阻碍传达。

◕ **尺寸建议。** 尽管造型柜难以计算尺寸，但通过精细计算，让柜体在宽约3米的墙面，看起刚好合适。

◎ **材质使用。**以木作烤漆施作柜体门扇，并在表面加上直线造型，与通风气窗相呼应。特别使用具有禅风的门把五金，与空间风格相联结。

◎ **材质使用。**柜体由木材制成，表面加上线板，呈现独特的造型语汇，而下方床头特别采用深色的木皮贴覆，形成有层次的视觉效果。

◀ **施工细节。**固定电视区的悬吊式平台时，利用壁虎打入墙面来维持支撑力，在施工时要注意打入的角度和位置是否准确，避免发生需重新拆除的情形。

196
变更格局，创造储藏空间

这是一间 40 年的老屋，由于原始格局不佳，决定重新配置。电视墙面刻意往内部移动，利用墙面的深度界定出玄关区域，而这深度也足以做出足量的收纳空间。面向玄关的一侧作为鞋柜使用，内部还可收纳外出的大衣和雨伞；另一侧则是大型的储藏室，可放置脚踏车等物品。
图片提供：摩登雅舍室内装修

197
收纳倍增的设计

运用乡村风独有的线板、勾缝设计，在主卧梁下的畸零空间规划对称式的收纳柜，下方包括床头板也是上掀的棉被柜，特别定制的床架也向两侧做出床头柜。善用空间的巧思，让收纳功能倍增。
图片提供：摩登雅舍室内装修

198
善用空间做出足量收纳

利用电视墙后方的畸零空间，分别在玄关和书房做出收纳区。玄关设计半高的柜体，百叶的门扇成为通风的绝佳路径，右侧墙面则做出置顶的收纳空间，让收纳需求量大的业主，有足够的存放空间，而电视墙也兼作抽屉平台，可置放遥控器等小物。
图片提供：摩登雅舍室内装修

2
柜体

柜体＋储藏

柜体＋隔断界定

柜体＋家具

柜体＋展示

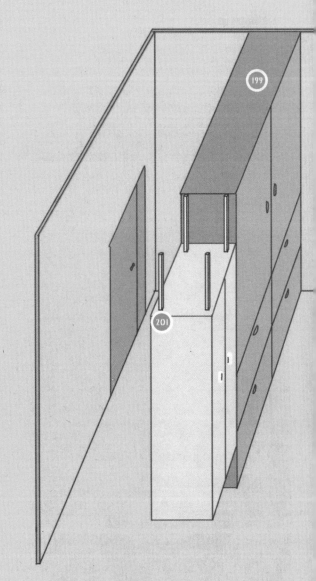

199 复合式柜体取代隔断超实用

空间深度够的话，不妨结合不同深浅的收纳功能柜，组成一面隔断柜，根据使用空间既可调配出不同的收纳功能，又能界定空间。

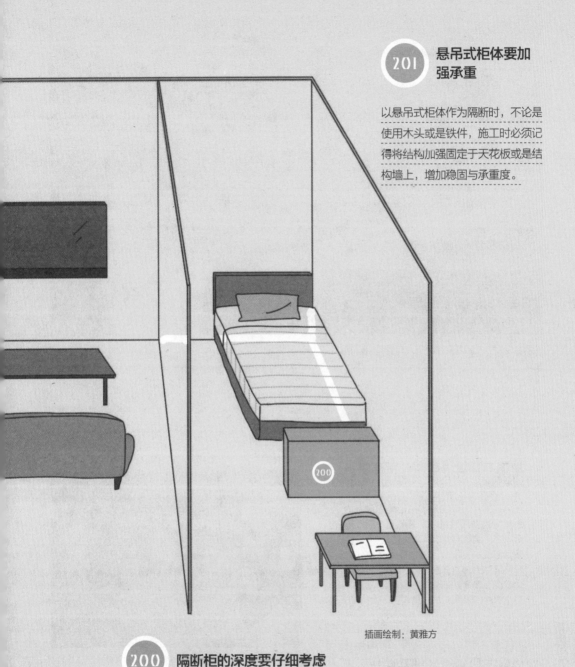

201 悬吊式柜体要加强承重

以悬吊式柜体作为隔断时，不论是使用木头或是铁件，施工时必须记得将结构加强固定于天花板或是结构墙上，增加稳固与承重度。

插画绘制：黄雅方

200 隔断柜的深度要仔细考虑

当两个空间共用一个柜子，收纳物件的种类与柜子深度息息相关，如果是玄关和餐厅共用的柜子，一般鞋柜深度约为 40 厘米，但是电器柜就最好留 60 厘米的宽度和深度，假如是电视柜和书柜结合，CD 深度大约只要 13.5 厘米，而书柜就必须留到 35 厘米左右。

202

◎ **材质使用。**5毫米黑铁锈蚀染色结构板加强化清玻璃。

◎ **施工细节。**结构需固定在垂直面并延伸到天花板与地板固定，水平结构则须考虑面对厨房时方便取书的舒适高度，并依据书本大小来做高度的调配。

202
玻璃书柜区隔空间，带来丰富光影

书房后方拥有都市难得的山景绿意，加上室内大量采用黑色系为基底，因此厨房与书房之间便采用可延伸视觉又具轻透视感的书柜取代隔断，让更多自然光线可漫射到室内，光线从书本间的缝隙穿过也形成有机的光影变化。

图片提供：力口建筑

203
仿壁炉柜体划分卧房功能

主卧房空间不再设置隔断、拉门来划分不同的功能属性，透过仿壁炉造型的柜体设计，创造出弹性的睡寝动线，也提供抽屉＋门扇式的收纳功能，柜体背面则兼具床头使用。

图片提供：大湖森林设计

203

◎ **材质使用。**作为床头板使用的墙面，使用皮革绷饰，比硬邦邦的木头更为舒适柔软。

204
浴柜、玻璃分隔寝区功能

主卧卫浴采用半穿透设计，搭配踢脚板内推与灯光设计，解决小空间中实墙隔断将会形成的压迫感。区隔两边的木制矮柜，其实是供卫浴方向使用的单面柜，在寝区侧做出沟槽模拟抽屉，视觉上灵活、不呆板。

图片提供：相即设计

205
铁件柜体展现轻薄的视觉感，镂空设计掌握空间动态

家人相处的交谊厅包含着一个多功能空间，平时作为小朋友的游戏室，也是亲友留宿时的客房，利用穿透式的展示架保障出两个区域各自独立，同时能随时看到小朋友的活动状态。

图片提供：森境&王俊宏室内装修设计

● 施工细节。大面积玻璃隔断使用的玻璃，因为无法现场裁切，除了是工序中"最后"决定、丈量尺寸的建材外，还得另外确定运送过程中电梯、门框大小足以通过。

◈ 材质使用。柜体为白色烤漆铁件并由天花板固定，创造轻盈的动态视觉感受，搭配木质层板来缓和铁件带来的冰冷感。

◈ 施工细节。预制铁件要经过打磨平滑收边，再作烤漆处理以防锈并确保使用安全，施工时需在天花预埋固定件再安装柜体。

206

🔖 **尺寸建议。**主卧斗柜宽330厘米、高60厘米，可收纳折叠衣物，弥补衣柜空间不足。

207

206+207
双面柜就是主卧、书房隔断

在重新调整主卧格局大小后，将位于书房与主卧间的墙面，规划成双面皆可用的收纳柜，可避免家具占据空间、影响动线。主卧侧为电视墙下的抽屉斗柜；书房侧则使用上方的门扇层板。

图片提供：馥阁设计

208
光线、气流自然流动的半墙设计

利用不及顶的造型电视墙区隔客厅和餐厅，半高的设计不会影响采光与通风，壁炉的设计自然流露欧式的乡村风格。天花板也应运而生，特别规划出不同的造型，明显划分两个空间。电视墙下方配置视听设备，上方则留有置物平台，可用物品点缀装饰。

图片提供：摩登雅舍室内装修

208

🔘 **材质使用。**以木作为基底，再雕绘出线板和柱体，正中央则用文化石贴覆，呈现材质混搭的丰富视觉效果。电视墙背面则用金色的马莱漆涂布，为空间创造亮点。

209

毛丝面冲孔板电视隔屏带来科技时尚感

由电视及喇叭等科技产品延伸出的电视柜体设计，并以不锈钢毛丝面为背板，搭配染黑的木制收纳柜体及白色基底，形成有趣的隔屏画面，其中毛丝面上的冲孔设计，更带出仿佛数位点画的时尚科技感。

图片提供：子境空间设计

210

空间里的木感小房子

在玄关与餐厅之间设计了一道木制柜墙，两边都有留走道，创造更多元的动线与空间关系，玄关区的天花板也以木皮包覆，从餐厅看过去有如空间里的一间小房子，在浅色自然的居家里加入温暖的木质调。

图片提供：珥本设计

◎ **材质使用。** 以木作为基底，边框烤成黑色，并搭配不锈钢毛丝面的背板隔屏及冲孔设计，在餐厅形成一冷一热的端景墙。

◎ **施工细节。** 利用木工在电视屏风两侧拗出圆弧形，为时尚美式空间带来柔软的线条感。

◎ **材质使用。** 柜体采用锯痕橡木板，比钢刷的纹理更加自然，为业主想要的自然休闲气氛加分。

🔹 **施工细节**。抽屉柜以真假交错设计，使主墙喇叭有足够深度可被容纳。

🔹 **材质使用**。用洞石做四面包覆，不仅可使电视墙更完整，也令收纳柜多了框边装饰效果。

211
定界、收纳、聚焦三合一

开放式客、餐厅利用柱体位置与一堵融合洞石及柚木的半高墙明确划分出功能区域。客厅这面以石材质朴回应一旁玻璃屋的森林印象成为聚焦端景。靠餐厅面则以深浅不同抽屉柜增加收纳空间，抽柜上还铺设石板台面满足实用需求。
图片提供：大器联合建筑暨室内设计事务所

212
隔窗观战，娱乐间并入轻食区

餐厅利用柜体与拉窗，与客房做出区隔，但若将客房掀床收纳于墙壁后，这里就是业主与朋友聚会打麻将的娱乐小天地，此时就能将窗户与门敞开，两个空间合而为一，餐厅变身便餐台，轻松在这里吃喝聊天，还能轻松隔窗观战。
图片提供：相即设计

🔹 **施工细节**。矮柜台面内嵌电磁炉，方便在这边作轻食、热汤使用，下方抽屉需预留电线插座、维修孔，抽屉其余空间作为餐具收纳使用。

🔹 **材质使用**。为了维护客房隐私，拉窗装设雾面玻璃，平时只要关上门窗，就是一间独立、功能完整的客房。

【柜体】隔断界定

213

214

◎ **材质使用。**木制柜上方以烤漆铁件营造悬吊感，卧房及储物间均采用钢刷木皮，统一空间视觉感受。

213＋214
悬吊式柜体设计区隔公、私区域，同时创造充足收纳功能

在公、私区域之间配置一面白色造型柜作为区隔墙面，柜体设计上则将下方刻意悬空、局部穿透，形成隐秘又不封闭的卧房过道，也满足了居家收纳需求。

图片提供：森境&王俊宏室内装修设计

215
双面使用的鞋柜兼电视墙

玄关新增的双面柜墙，让空间有区隔但不阻隔，同时满足收纳需求，玄关面为鞋柜，餐厅面为电视墙，下方透空处，玄关面摆饰了小木件，营造壁炉的温暖感觉。

图片提供：珥本设计

216
木框架包覆铁件，柜体隔断更轻薄

作为客厅与餐厅之间的柜体隔断，上下均以木作结构刻意与天、地创造脱离的视觉效果，使铁件主体结构更加轻盈，左侧如树枝、竹子状的自然线条则可收纳书籍或是装饰品。

图片提供：宽月空间创意

🔹 **施工细节。**木制柜体底部不做满，而以铁件结构做出悬空的轻盈感。

🔹 **材质使用。**玄关另一面柜墙使用系统柜，系统柜五金功能多，使用更便利，因结合木作将左右及上方包覆起来，看起来有整体性，也节省工时和预算。

🔹 **施工细节。**层板处看似结合铁件与木皮，其实是利用铁盒子包覆木皮，增加视觉的柔软性，也让 2.5 米的跨距更为坚固。

◎ **材质使用。** 两排朝内的展示格与立面花砖构成书房的艺术装置。

◎ **施工细节。** 柜体上方以铁件创造挑空设计让整个量体变得轻盈,铁件固定于天花位置要先加强固定以提升承重度。

217

壁炉展示柜连接游戏室与餐厅

面对是书房也是游戏室的空间界定,首先以壁炉样式的收纳展示柜作为固定隔断,中段的挖空区块直接对应到餐厅,作为小朋友的玩具展示平台,左右两侧的折门可弹性收阖,维持空间的通透性。

图片提供: 成舍设计

218

悬吊柜体区分里外空间,兼具餐厅电视墙功能

为了不让入口直接看到餐厅,利用玄关柜作为半开放式的空间区隔,也可以放置衣物,同时也设计艺术品展示位置作为端景,背面则为餐厅的电视墙,满足业主边吃饭边看电视的习惯。

图片提供: 森境&王俊宏室内装修设计

219

219
轻薄铁件，穿透延伸空间感

主卧房更衣室的精品展示柜，同时也是睡寝与更衣的隔断，不规则且刻意错落的双向展示设计，让柜体具有变化性，开放的穿透感与铁件的细腻质感，带来视觉的延伸。

图片提供：界阳&大司室内设计

220
大衣专用收纳柜，划定玄关区域

对于经常接待亲友的业主来说，每到冬天气温低，外套的收纳是一大问题。设计师体贴设想，在入口处另辟外套专用柜体，正好也成为玄关与厅区的隔屏。

图片提供：怀特室内设计

220

材质使用。柜体表面以不锈钢美耐板搭配白色烤漆，创造如主墙般的效果。

尺寸建议。外套专用柜体深度为60厘米，冬季外套才好收纳。

221+222
有限面积整合需求

书房与客厅共享的隔断墙体，让两区域各自独立却又巧妙联结，另一方面也将书桌、书柜、电视等设备隐藏在其中。

图片提供：水相设计

223
是柜体也是玄关与客厅的隔断墙

担心从玄关一进入室内，便会立即看到客厅，为了让视觉获得一点缓冲，便在玄关与客厅之间，沿梁与墙另砌了一道柜体，除了可作为鞋柜也能当作是玄关的隔断墙，让空间界定变得更清晰。

图片提供：丰聚室内装修设计

◉ **材质使用。**电视墙面选用米色调锈石，凹凸立体的造型创造出天然石头般的效果，让空间与自然的联结，以一种装饰艺术化的方式完整体现。

221

222

◉ **材质使用。**主要柜体以系统柜为主，柜体侧墙以自然拼贴的木皮利用企口分割作表现，呈现自然的表面隔断效果。

223

225

施工细节。柜门需特别加厚,这样才能达到兼具房门的效果。

224

材质使用。呼应整体空间大量的木元素,一体成型的书桌全由木材打造,利用相同材质让空间产生相关性,也让空间注入更多温度。

226

227

228

🔷 **尺寸建议。**由于需要预留电器的空间，整体柜体深度应为 45 ~ 50 厘米，下方的收纳空间则留出 35 ~ 40 厘米方便放置收纳篮。

◎ **材质使用。**柜体以木作加烤漆而成，亚克力烤漆的大地色系，干净无压的用色与业主喜爱日本无印风格的简单纯粹恰恰相符。

224+225
多功能柜体保持空间彼此关系

餐厅、工作区及主卧之间，借由多功能的黑色柜体创造开放空间的使用弹性，平时拉门打开时主卧与其他空间动线串联，关起后能维护主卧该有的隐私，柜体的双面收纳设计能提供不同收纳需求。

图片提供：邑舍设计

226
让功能界定空间属性

悬空设计的书桌，简单将客厅与书房做分界，但一体成型的设计则扮演串联两个空间的角色。从书桌桌面一路延伸然后向下转折，再转至客厅区域，书桌功能也因其转折而转换成收纳与客厅茶几功能，而借其使用功能的转变，自然界定出空间属性。

图片提供：杰玛设计

227+228
一柜两用，双面功能

由于室内仅有 43 平方米，为了有效利用空间，公共区和卧寝区以柜体和拉门区隔。柜体以两边皆能使用的设计概念，电视背墙右侧为电器柜，下方为开放型收纳，上方则给后方的卧房使用。达到最大空间利用效果，收纳、界定空间的功能一应俱全。

图片提供：十一日晴空间设计

🔧 **尺寸建议。** 要将多种功能串于同一立面，借由收整功能，让整体空间显得较为利落。

◎ **材质使用。** 柜身以铁刀木钢刷木皮贴覆，在转角处以∏形铁件脚架作为立足的支撑点。相异材质的同色搭配运用，整体呈现和谐的视觉感受。

229
小面积空间汇聚多重功能

业主要求设计师在20平方米空间中，规划出卧室、客厅与书房功能，以床铺与沙发作为空间主体，运用沙发界定出视听空间，入门口天花大梁包覆修饰的木作延伸成倒∏字形，拉出业主书桌台面。即便是小面积，透过开放设计手法仍保有实用功能与宽阔视觉。

图片提供：杰玛设计

230
T形书桌兼具办公与置物功能

由于主卧的面积足够，沿墙面做出T形的功能书桌，不仅可置放电视，也可作为办公用途。桌面刻意往窗景拉伸，扩大可使用的范围，下方则以抽屉抽拉便于收纳。整体以深色铁刀木和铁件塑型，展现精练优美的柜身曲线。

图片提供：大雄设计

231
透过柜体的转折延伸，做空间区域隔断

在一个开放的空间里，通过一进门的玄关柜延伸至主卧的隔断墙面，界定出区域分界，并满足区域性，如玄关、主卧、卫浴及餐厅的收纳需求。利用玄关梁柱体设计挂钩五金，将进门的包包、钥匙及大衣做最有效的收纳处理。

图片提供：子境空间设计

◎ **材质使用。** 柜体深60厘米，高200厘米以便收梁，门扇采用白色烤漆处理，实木条收边，使线条利落，并透过钢刷天花板带出空间动线。

➤ **五金选用。** 玄关一进门的柱体以灰色漆搭配五金挂钩，搭配灯光投射，让随手吊挂的物品及衣物，也能形成室内风景。

● **施工细节。**立起木制格栅，将格栅固定于原始的天花板，才能有效稳固，而格栅和电视机柜则利用榫接方式接合，呈现细腻的施工技巧。

● **材质使用。**柜体以铁件打造，不仅耐用，也无须担心会出现变形。整体以白色烤漆而成，时而以绿色隔板点缀，与户外绿意呼应。

● **施工细节。**铁件柜体在工厂施作完成后，以吊车吊挂进入，直立后在天花板和地面分别打入膨胀螺丝固定。

232
木制格栅有效区分空间领域

原本四房的格局，拆除紧邻客厅的隔断墙，让公共空间放大，全屋采光也因此变好。因中式风格设定，利用通透的木格栅设计电视墙，延伸至天花板，塑造顶天立地的形象，也适时遮挡后方鞋柜。下方的电视机柜向后延伸，可另作穿鞋椅的用途。
图片提供：摩登雅舍室内装修

233
镂空柜体适时遮挡入门视线

这是一间挑高的小面积空间，由于入门门处位于整个空间的中央，一入门就能直视内部。在楼梯前设置开放性的橱柜，半开放的镂空设计，能适时掩视线，却不显沉重，而造型柜体也成为空间的美丽风景。
图片提供：大雄设计

🔗 **施工细节。**在茶几椅脚下装入铁件强化支撑，亦可当成取放高处物品的踩脚凳。

234
以多功能实用柜取代隔墙

作为客厅、卧房隔断的柜体，除了隔断功能外，设计师更结合多种功能，让大型柜体增加实用性。柜体旁设置多功能移动式家具，访客众多时，可当成板凳，拉到沙发旁就是现成的茶几；L形镂空设计留出平台，卧房、客厅都可使用，而两边皆能使用的门扇设计，则相当便于收纳。

图片提供：杰玛设计

235
顶天高柜具备迎宾收纳双功能

位于客厅、餐厅间顶天壁柜，客厅侧为电视墙面，餐厅这边则作收纳层板使用。虽然是实墙，却因居中、保留双走道动线设计，搭配清浅设色，不会显得笨重而有过度压迫感。

图片提供：相即设计

📏 **尺寸建议。**壁柜厚度为 30～40 厘米，若半高不低反而会显得矮胖、突兀、占空间，因此做完天花板后高度为 2.9 米，也就是柜体顶天后实际高度。

【柜体】 隔断界定

236
三面收纳柜体划分公私区域

拆除原有隔断墙，创造以三面柜为核心的环绕生活动线让公私有所区隔，又结合丰富的收纳功能，深浅平台交错的层架，可收纳笔记本、平板电脑、书籍，侧面规律的高度则可摆放光盘，转至卧房区更设计了大面积衣柜。
图片提供：甘纳空间设计

237
若隐若现的穿透柜体，维持空间广度

拆除原有起居室的隔墙，改以穿透柜体区隔，视觉无阻隔的设计，与中岛区形成串联，能让空间维持原有的广度，也扩增收纳空间。廊道地面选择深灰色的地砖，与餐厅、起居室木质地板形成强烈对比，有效界定空间，也暗示廊道的过渡。
图片提供：大雄设计

236

◉ 施工细节。深浅交错的平台搭配蓝、灰色调，为空间增添活泼感。

◉ 材质使用。以木作为基底，两侧加上装饰性的长条铁件，打造如同吊柜般的轻盈感；而柜面以玻璃铺陈，不仅具有穿透的效果，也能方便清理。

237

2

柜体

柜体 + 储藏

柜体 + 隔断界定

柜体 + 家具

柜体 + 展示

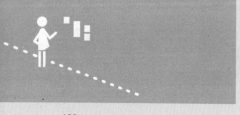

238 书桌、书柜一体成型

层板跨距不宜超过 120 厘米，书柜层板为了能支撑书籍的重量，层板厚度大多会在 4 ~ 6 厘米，层板跨距应为 90 ~ 120 厘米。若跨距超过 120 厘米，中间应加入支撑物，才能避免出现层板变形的问题。

239 慎选适宜的五金

由于双层书柜需依赖滑轨五金移动，书籍越放越多，重量也逐渐加重。若使用一般的滑轨，则可能因为太重而导致金属变形，无法顺利推动。因此，必须选用承重力佳的重型滑轨，才不容易损坏。

240 依据环境条件选择材质

一般来说，木制柜的板材可分为木芯板、美耐板等，通常这两种都较耐潮。木芯板上下为三毫米厚的合板，中间为木芯碎料压制而成，具有不易变形的优点。美耐板则由牛皮纸等材质，经过含浸、烘干、高温高压等加工步骤制成，具有耐火、防潮、不怕高温的特性，通常会贴于木芯板外侧。

241 柜子复杂度越高，价格也越高

木制柜的价格是以尺计价，一般来说每一片层板都需要经过贴皮、上漆的过程，这是最基础的处理方式。另外，像是钢刷处理、钢琴烤漆这类特殊的制作方式，必须先在工厂进行二次加工，因此价格相对会比一般的喷漆或贴皮处理还要高。

3D图面提供：纬杰设计

242

243

◀ **施工细节。**除了铁件结构之外，木制柜体下方要安装可固定式滑轮，打开时柜体与室内墙壁用地栓固定，两柜体关上时须使公母门扇闭合，让门扇间的缝隙不漏光。

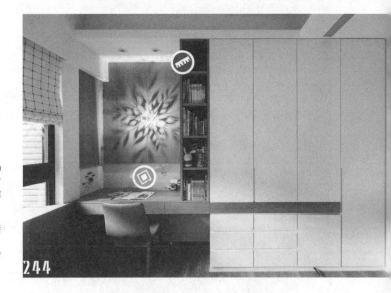

● **尺寸建议。**书桌右侧设定为层高 30 厘米的五层开放式收纳层架,但为了方便使用,开口做了 90 度两种转向,也解决层板收纳不宜过深问题。

◉ **材质使用。**书桌前方腰带墙面为烤漆玻璃,背后垫上一层铁板,如此一来,不仅可以在上头书写、绘画,也有吸附磁铁功能。

244

242+243
餐柜既可收纳也能当书桌

空间规划希望能满足小朋友们成长的需求,于是主体空间以餐厅及儿童阅读区为主,闭合时可界定为餐厅收纳和房间的隔断墙,内凹平台放置小型电器设备;打开后餐柜下又能拉出阅读座椅,平台即变成书桌。

图片提供:力口建筑

244
书桌内嵌延伸,与衣柜紧紧相依

木皮书桌与白色衣柜原本只是紧挨着的"邻居"关系,但设计师透过木皮书桌内嵌延伸,让两个量体产生更深刻的紧密联结。白色衣柜下层的造型抽屉,其实是门扇收纳柜,供还在读幼儿园的小朋友收纳玩具使用,增加衣柜真假趣味性。

图片提供:相即设计

245
方寸之间完全整合收纳与桌面功能

邻近门口处规划容量充足的柜体,包含鞋柜、上方收纳、展示陈列处,而延伸出来的桌面设计师并不局限用途,不仅是用餐吧台也可以是书桌,回家后也能随手放下随身的包和钥匙。

图片提供:森境&王俊宏室内装修设计

◉ **施工细节。**为了有效节省空间,鞋柜采用拉门设计,必须精算门扇与收纳柜前后距离,以免滑动门扇时受到阻碍。

245

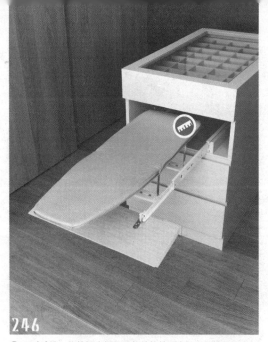

246

饰品柜暗藏熨衣功能

更衣间的中央为中岛斗柜，最上层抽板切割为饰品展示区、并运用清玻璃作台面，方便搭配、寻找饰品。第二层拉抽处就装设折叠熨衣板，需要时再抽出，无须另外找地方收纳。

图片提供：明楼设计

247

功能性十足的复合空间

核桃木打造的多功能区域，是业主的工作及用餐区域，左侧开放柜体以画框为设计概念，让业主可随性摆放国外带回的纪念饰品；从墙面延伸出来的桌面，可拉长至 2.4 米，立刻展开成大餐桌，方便朋友前来聚餐；至于书桌后方的镜面墙，可反射光线并带出客厅与落地窗景，增添屋内景致，同时也有放大效果。

图片提供：杰玛设计

🔵 **尺寸建议**。传统烫衣板需要额外的放置空间，而折叠烫衣板可以用较小的体积妥善收纳在中岛柜的一个抽屉里，柜体尺寸长×宽×高＝100 厘米×60 厘米×90 厘米。

◉ **材质使用**。小空间通常较少使用深色，但借其镜面墙的反射效果，使较深的胡桃木色开放柜体不会带来压迫感，反而给人一种沉稳的感受。

248

● **尺寸建议。**台面可承重约 60 千克，也能当作尿布台使用。

◈ **施工细节。**书桌下方柜体采用开放形式，结合活动书档不但能提升使用效率，也可依照需求来调整收纳空间的大小。

◎ **材质使用。**活动书档结合木皮材质，让白色柜体又多了点变化。

248
打开柜子变出一张工作台

整个五金系统，当门关起来的时候是一个普通的柜子，但是通过与悬臂式五金的结合，柜门下掀后转化为可以载重的桌面，不论是放置于餐厨作为工作台面，抑或是充当小孩房的衣柜与尿布台都非常适合。
图片提供：纪氏有限公司

249
开放式柜体加书桌使用效率大幅提升

正因为书桌区空间不大，该区采取开放式柜体结合书桌形式来做规划，柜体上半部作为书桌，下半部则可以作为置物之用，做到让一个物体同时拥有两种功能。
图片提供：大晴设计

249

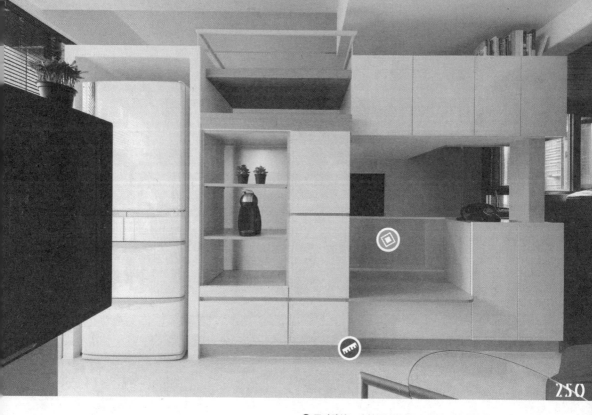

250

🔖 **尺寸建议。**座椅深度约为 40 厘米，宽度也比一般单椅宽敞，坐起来更舒适。

◎ **材质使用。**座椅背板搭配玻璃材质，淡化小空间的压迫感。

🔖 **尺寸建议。**为了能舒适躺平，设计师在床铺区留出约 120 厘米宽度；站在楼板上的净高则有 175 厘米，即使加上 10 厘米的乳胶垫，女孩儿还是能站直不弯腰。

◎ **材质使用。**寝区使用频率一定很高，为了让空间显得更大些还用了白色，因此运用美耐板作表材，即使不小心弄脏或泼水，都可以轻松收拾。

【柜体】家具

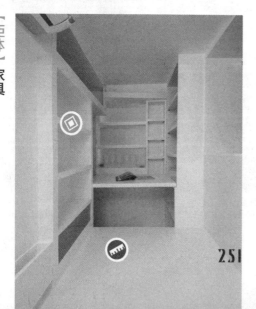

251

250
中岛收纳柜整合座椅

约 50 平方米的小套房格局，巧妙利用地面 62 厘米的段差与挑高，公、私区域之间以中岛收纳柜墙概念规划，整合鞋柜、矮柜、收纳柜、电器高柜，矮柜结合座椅功能，兼具穿鞋椅与辅助客厅的座位需求。

图片提供：力口建筑

251
柜体、家具一体成型

由于住宅楼层高是正常的 295 厘米，并没有挑高，因此没有用钢构，而是采用木工柜体的方式去规划夹层女孩房。这里运用大量空间交错堆叠手法，二楼房间设置于主卧衣柜上方。即使空间局促，除了寝区功能外，设计师也贴心为女孩规划了吊杆衣柜、书桌、收纳柜等，真的是麻雀虽小，五脏俱全！

图片提供：瓦悦设计

252

隐藏掀床，平时化身娱乐间

考虑到客房使用频率不高的问题，为了能提升空间使用面积，设置结合木制柜体掀床，搭配上方与一旁的矮柜，满足基本的收纳需求。平时将床隐藏起来，就成为业主夫妻与朋友的聚餐、打麻将的好去处。

图片提供：相即设计

253

桌与柜整合更有造型

书柜立面以黑铁件做不规则分割，并用木抽屉断开素材延续，强调出刚中带柔的活泼感。桌体以黑白突显对比，贯穿手法除增加造型感，也借侧掀桌上盒提供线路收纳空间。

图片提供：奇逸设计

▶ **五金选用。**为了能保障使用安全，掀床要视木板与床垫总重，挑选符合载重标准的油压五金，缓冲功能可减少使用时的危险。

◉ **材质使用。**为了满足客房、娱乐室的空间特性，这里的材质皆以耐脏好整理的为主。例如：蓝色的美耐板墙面、仿木纹超耐磨地板。

◀ **施工细节。**以圆形螺丝将壁面与铁件脱开，使灯条能完整贯穿，维持光源完整性。上下两端铁板皆向上反折 3 厘米宽度，借此增加壁面衔接程度、增加承重能力。

254

255

🟢 **尺寸建议。**书柜宽 134 厘米、高 215 厘米、深 37 厘米，最重要的是确保业主坐下办公时，书桌深度能舒适容纳大腿长度。

◎ **材质使用。**柜体采用烤漆与木皮交错使用的手法，意义在于避免在同一立面使用单一材质，减少木作过多的沉重感，塑造宽敞的视觉感受。

254+255
工作事务藏在壁柜里

业主希望住宅是舒适、雅致的休憩居所，但偶尔还是得在家上网工作，设计师为了让功能与美观兼具，特别将书桌与收纳层架藏于客厅旁的壁柜之中，只有需要使用时才开启，上方内藏的 LED 灯光将提供充足的照明。
图片提供：馥阁设计

256
树型展示柜巧妙修梁

空间为平时为男主人专用的书房，当客人来时则变身为客房，因为需要保留足够的寝区面积，所以不规划大容量书柜，只要符合空间比例、规划柜体与书桌，同时采用贴壁处理，有效运用梁下空间，并采用局部修饰的方式，解决梁身压迫问题，以最经济的方式兼顾空间感与收纳功能。
图片提供：亚维空间设计坊

256

◎ **材质使用。**书房高柜采用栓木木皮，选用山形纹凸显粗犷的原木感，呼应以树为灵感的抽象主题。

🟢 **尺寸建议。**为了修饰梁身与配合空调高度，柜体高度约为 240 厘米，局部微调效果，成功减轻了粗梁所带来的压迫感。

257

257
书柜结合书桌让工作区变自由

利用玄关背后畸零空间规划而成的书房，巧妙利用左侧墙面围做出收纳椅柜，搭配活动书桌设计，一人使用时可将桌板往前推获得较大空间。

图片提供：成舍设计·工程

258
让空间具备各种多功能设计

虽是预留的房间，但目前使用不到，因此设计师以预留功能并适当隐藏为概念做设计。天花板预做好轨道，未来只要装上拉门即可独立出一间房，采用可收式掀床，既具备床铺功能，收起时和衣柜串联成一面木墙，视觉上不显突兀，空间也可弹性适应各种需求，又不失原来的开阔。

图片提供：六相设计

◎ **材质使用。**书柜和书桌以木作贴美耐板的处理手法，好清洁又耐用。

◀ **施工细节。**掀床可分为手动与电动，一般以电动较为便利，在施作安装电动掀床时需和有安装经验的木工配合，虽有厂商指导施工，但需木工适时调整，方便未来操作。

258

▶ **五金选用。**掀床搭配意大利进口掀床五金，品质相对稳定、安全。

259

259

打开橱柜，客房随之而来

高房价时代，能买的面积有限，偏偏偶尔又会有长辈、友人留宿，留一间房太浪费，那就在柜子里藏一张床吧！只要木工定制加掀床五金的结合，柜子往下拉就能有床铺的功能，不用时又能完全收起，一点也不占空间。

图片提供：界阳&大司室内设计

260

梳妆台隐身衣柜，空间好清爽

随结构柱体延展而出的一整面大衣柜，除了提供业主夫妇完善的衣物收纳功能外，女主人需要的梳妆台也一并纳入规划，开放层架可收纳包、保养品，抽屉内则是配件最好的集中处，平常门一关上立刻回复整齐清爽样貌。

图片提供：甘纳空间设计

260

◀ **施工细节。**衣柜门扇特别采用长形、方形、圆形等不规则形状的衣柜把手，其实这些把手也兼具衣架功能。

261
畸零角落内嵌柜体，隐藏梳妆台

利用主卧房既有的畸零角落，创造出女主人的梳妆柜，并可直接坐在架高约 20 厘米的窗台上使用，让空间有限的卧房无须再添购梳妆柜，且最下层的滑轨抽屉可拉出，更加方便。
图片提供：甘纳空间设计

262
柱体结构延展书柜家具

利用原始建筑二楼存留的五个柱体，巧妙规划出柜体与书桌，打造开放的阅读区域，在回字形动线下，呼应现代建筑主义的自由平面精神。
图片提供：水相设计

🔩 **五金选用。** 滑轨抽屉运用三节式缓冲轨道，让抽屉托盘可以完全拉到底，这样更好用。

⬛ **材质使用。** 左前方柱体以不锈钢与卡拉拉白大理石包覆处理，将看似突兀的立柱，转化为艺术般的立面。

263
柜体延伸出书桌领域

受限于空间长度，无法找到合适的书桌尺寸，因此决定量身定制，将书桌与柜体合并。沿窗拉出柜体深度，并延伸出大型的书桌空间，适宜的尺寸，一旁得以留出行走的通道。书桌两侧内嵌抽屉，方便收纳之余，表面的美式线板也能成为装饰点缀的一部分。

图片提供：摩登雅舍室内装修

264
隔断柜旋转开启变身书桌、餐桌

原客厅后方卧室拆除，成为开放分享的阅读区域，一旁看似隐形的阅读区域，经过长柜上端台面的转折定位，变化出实用书桌，端点以橡胶、丝绒垫和桌面下的 8 厘米止滑垫，通过特定机关让桌板能旋转而出，两侧打开后也是一张两人用餐桌。

图片提供：宽月空间创意

263

🔧 **尺寸建议。** 空间长度不足的缘故，柜体深度仅做 30 厘米，并拉出 200 厘米长的书桌空间，书桌和柜体之间以精密制作的卡榫接合方式固定，让成品更为细致。

▶ **五金选用。** 桌脚处计算好滚轮的旋转周长，特意预留较宽的厚度，让滚轮能隐藏在桌脚内，仅仅露出约 3 毫米的高度，远看毫无察觉。

264

◔ **施工细节。**柜体采用铁件喷漆，大理石桌面则需先以木作打底做出雏形，木作与铁件进行结构上的接合，让石材桌面有如悬浮般的效果。

◎ **材质使用。**为放大玄关空间感，有别于整体空间使用的钢刷橡木皮，玄关鞋柜改用白色喷漆，减低大型量体压迫感，也维持视觉上的简洁利落。

265
双面柜体延展书桌、梳妆台

卧房内以双面柜划分功能，并由柜体延伸创造出书桌家具，桌脚再利用不锈钢与玻璃作为支撑，搭配 LED 灯光，创造多变趣味的空间感。
图片提供：界阳&大司室内设计

266
悬浮设计制造轻巧视感

由于玄关空间较为局促，因此柜体采用悬空设计，让大型量体借由悬浮变得轻盈，而柜体下的空间也可再做利用，墙面做满难免容易带来压迫感，因此从柜体延伸出穿鞋椅，轻化视觉的同时亦满足使用功能。
图片提供：六相设计

◎ **材质使用。**为配合上层柜面的结晶钢烤，请厂商使强化玻璃的颜色趋于一致，让电器柜不失整体性。

◎ **材质使用。**书桌以皮革与铁件打造，在桌面厚度上展现纤薄轻盈感。

267
收纳柜暗藏小巧折叠桌

电器柜的下半部往上掀开其实是一张小餐桌，而桌子内部仍是容量强大的收纳空间，又具备多功能的储藏功能。
图片提供：大晴设计

268
与书桌一体成型的书柜

书墙上半部以白色门柜作为收纳主力，中段为开放展示柜，由书柜延伸而出的 L 形书桌，巧妙地将两者合而为一，细致质感与简练造型都独具特色。
图片提供：近境制作

【柜体】家具

269

● **尺寸建议。**桌面尺寸有 1.1 米、1.4 米、2 米的长度供选择，承重从 60~100 千克，结构十分牢靠。

◎ **材质使用。**通过铁件与美耐隔板的横竖交错，一刚一柔组构出层次堆叠的展示书架，虚实对应的设计使桌面完全融入柜体设计之中。

269
延展性五金拉轨，让家具藏在柜子里

小面积使空间有限，可以通过延展性五金拉轨的应用，将客厅和餐厅合而为一，这种伸展桌五金组包含支撑脚，平常收起来藏在柜子里，或者整合规划于中岛吧台内，需要时再打开始用，完全不占空间。

图片提供：纪氏有限公司

270
借材质整合两种功能的共体设计

顺应已定的开窗位置，在这面不完整的墙面开创出展示书柜与工作桌面的多功能设计，将空间缺口转化为优势，利用窗下规划出桌面，提供业主面窗工作的优质环境，并结合不规则分割与横向错落的带状收纳，成为墙面特色。

图片提供：成舍设计

270

2

柜体

柜体 + 储藏

柜体 + 隔断界定

柜体 + 家具

柜体 + 展示

271 展示柜
深度 30 厘米就够用

假如只是单纯的展示柜，甚至可做到 30 厘米以下就
好了。另外，为了方便拿取物品，建议内部层板的高
度要比展示品高 4 ~ 5 厘米，若使用层板，两侧的柜
板可打洞，方便随时变换高度。

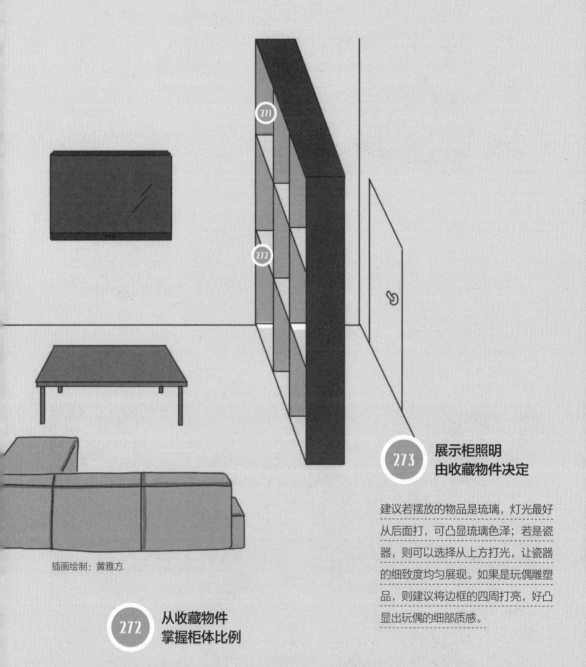

插画绘制：黄雅方

273 展示柜照明
由收藏物件决定

建议若摆放的物品是琉璃，灯光最好
从后面打，可凸显琉璃色泽；若是瓷
器，则可以选择从上方打光，让瓷器
的细致度均匀展现。如果是玩偶雕塑
品，则建议将边框的四周打亮，好凸
显出玩偶的细部质感。

272 从收藏物件
掌握柜体比例

不同的收藏品对于边框皆有一定的比例要求，像是琉璃与边框的距离就不能太近，否
则看不出琉璃的气质与美感，而像玩偶等雕塑品，在边框的设计上则可以选择长方形，
这样不论大或小的公仔都不会被局限住。

◉ **材质使用。** 电吊柜表面为烤漆，实木层板为柚木实木，中间透空处贴附贝壳板。

274
整合三面使用的柜设计

餐桌左右两侧是男女主人各自的嗜好天地，男主人喜爱品酒，与客厅电视墙共用的柜体，上方为收纳杂物的吊柜，中间则是备餐台，并设计了一个实木层板，左边可放威士忌杯、香槟杯，右边切出缝隙可挂红酒杯，下方左边是两个酒柜，右边则是收纳酒器的抽屉与柜子。最右侧的看似是柱体，其实是客厅的电器柜。
图片提供：珥本设计

275
跨距和灯光创造柜体表情

书房的窗户看出去正好是公园，巧用这扇窗景搭配对称的开放展示型书柜，并内嵌灯光设计，作为书房的端景。书墙则拉大跨距，同样内嵌灯光营造细部质感，也降低大面积的压迫感。
图片提供：珥本设计

◉ **尺寸建议。** 靠窗展示型书柜跨距 77 厘米，书墙跨距 114 厘米，特别选用较厚的层板加强支撑力。

◉ **材质使用。** 靠窗展示型书柜后贴橡木皮，颜色较浅，书柜则是钢刷铁刀木皮，营造沉稳气息，并与对面的装饰板墙呼应。

【柜体】展示

276

277

🔘 **材质使用。**延续现代设计风格，以烤漆铁件及木制家具打造利落简约的柜体造型，以白色为基调恰如其分地映衬空间背景。

276 + 277
造型柜体身兼多重功能，汇聚空间动线开端

偌大电视墙兼玄关柜，兼具空间区隔与收纳展示功能，同时也是进入主空间的动线汇集处，靠近天花板的开放式展示收纳延伸至右侧泡茶区，将业主收藏品收整在墙面中，也成为廊道的端景，整个柜体也根据对应空间，赋予隐藏式的收纳功能。

图片提供：森境&王俊宏室内装修设计

施工细节。柜体内的层格本来就大小不一，同时又在柜面两侧加入洞孔，未来想再增加收纳格，只要放入活动层板即可。

材质使用。两种颜色的木皮交互使用，在一片沉稳中多了亮色系做调和，带来不一样的视觉变化。

278

尺寸建议。为了与下方餐桌的视觉平衡，吊柜长度建议不超过餐桌的长度，而餐桌也选用可缩拉的，便于招待客人。

施工细节。由于需支撑吊柜和内置物品的重量，因此在木制天花板的内部加上龙骨，借此加强固定吊柜的拉力。

【柜体】展示

278
一道墙创造出可变化的展示柜

看似平凡的墙面加了柜体设计之后就变得不一样了！木作依墙面尺寸制作了一道开放式展示柜，柜内收纳层格大小尺寸不一，层格内还能随意加入层板再生收纳空间，体现墙生柜、柜生空间的概念。

图片提供：大晴设计

279
展示、收纳、照明功能一应俱全

业主有搜集生活道具的习惯，再加上厨房临窗，无法沿墙做柜体，因此在餐厅上方加装展示吊柜，扩充收纳空间。透光的设计，也不致使屋内阴暗。柜体下方安装嵌灯，作为用餐时的照明，展现照明、展示、收纳多种功能。

图片提供：十一日晴空间设计

280+281
活动亚克力层板，自由发挥布置创意

客厅、餐厅之间以电视柜划分，邻餐厅的柜体一侧巧妙运用活动亚克力板为层架，可以弹性调整位置，提供业主多元的布置，而下方的暗柜里则是可维修影音设备。

图片提供：怀特室内设计

◉ **材质使用。** 电视主墙一侧延续餐厅背墙的洞石材质，让空间有所连贯，也呼应自然主题。

282
方框木盒堆叠出的美型收纳

整体开放的公共空间，厨房吧台的展示柜同时也是客厅的端景，加入收纳与展示的设计因子，正反开口与相异材质的交错，如同一个个木头方盒随意堆叠，组构出立体又利落的结构设计，达到虚实平衡的美感，兼顾门面展示与厨房使用的双重需求。

图片提供：成舍设计

283
任意变化表情的展示端景

沿着梁下规划大型落地收纳加展示量体，发挥完整墙面的优势；采取不间断的连续量体，不规则的层板分割不光只为造型，更让不同展示品、纪念物与各种大小的书籍适得其所。

图片提供：成舍设计

◎ **材质使用。**铁件与木质的搭配，达到刚柔并济的质感效果，木与铁、盒子与透空，既能延续整体空间的黑白冷冽属性，也可通过木头带来温暖。

▶ **五金选用。**配以自由滑动的门扇，可随机切换各种柜体效果。

284

285

◎ **材质使用。**有别于一般柜体材质，特别在底部加了实木材质，有意留住木材的切面原样，增添自然感受。

◎ **施工细节。**由于书本厚度不同、大小不一，故在书挡部分采用活动式，摆放时可依书籍数量、类别做层格之间的调配。

284+285
电视墙同时也是书籍的展示舞台

这道电视墙位于客厅与书房之间，业主不希望仅有一面电视墙的功能，设计师便在后方规划了收纳柜功能，可作为摆放书籍之用，替墙创造了附加功能，同时也适时地分摊收纳需求。

图片提供：丰聚室内装修设计

3 吧台

286 双层式吧台
落差就是收纳区

这种吧台高度整体会在 110 ~ 120 厘米, 上下层之间的落差是 30 ~ 35 厘米, 正好能直接摆放如热水瓶或是小烤箱、常用的杯子等物品, 不用再另外规划橱柜。

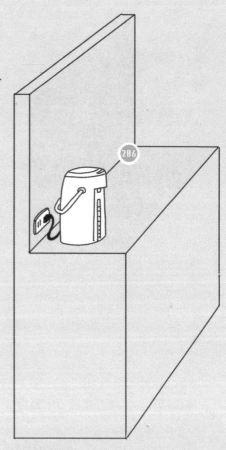

插画绘制: 黄雅方

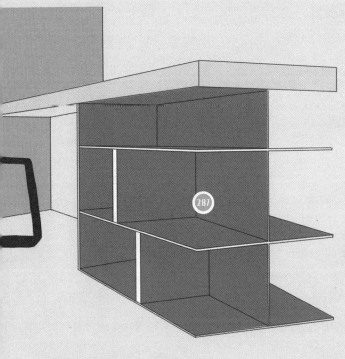

287 开放式层板
好拿取

现在还有一种常见的做法是将中岛部分规划为开放式层板、层架，但是最好要先想好需要摆放的物品是什么，如果是食谱、杂志，深度就不用太大，能立着放为佳，或是收纳红酒、杯子等，每一种物品的尺寸都不尽相同。

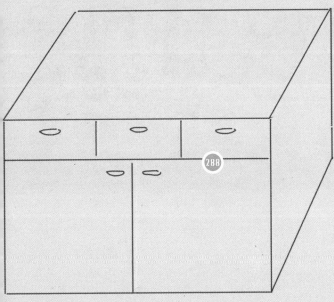

288 抽屉 + 门扇式收纳
遮挡凌乱

抽屉式收纳是系统厨具最常出现的方式，优点是可以直接关起来，不用考虑收纳得整不整齐，适合厨房用品较多的人使用。

定制半腰电器柜兼备餐台

打开原本封闭的厨房、餐厅实墙，终结狭窄小厨房，取而代之的隔断是高度为 127 厘米的半腰电器柜兼备餐台，成为业主周末举行聚会的最新烹饪地，自此阳光与家人、朋友的欢声笑语终于能够自由地在空间中流动。

图片提供：白金里居空间设计

🍳**尺寸建议**。电器柜长 150 厘米、宽 60 厘米、高 127 厘米，通过量身定做的方式，让烤箱、冰箱等电器皆完美的收纳其中。

◎ **材质使用**。呼应客厅背墙设色，吧台立面采用同色系的棕色结晶钢烤，台面则是厚度为 5 厘米的人造石，坚固、耐用又好清洁。

◎ **材质使用。**为了搭配整体空间风格，采用视感较为轻盈的铁件制作收纳架。

◎ **材质使用。**考虑到吧台要设置电磁炉，因此台面选用耐热耐燃的人造石，使用安全无疑虑。

290
赋予多种功能的中岛设计

中岛台面设置电磁炉，右侧则嵌入酒柜，并结合抽屉式收纳设计。中岛左方的拉门进去是书房，拉门可与墙面收齐，书房结合游戏机娱乐室，赋予中岛餐厅区亲友交流情感、娱乐休闲的功能。
图片提供：珥本设计

291
造型置酒架为角落酒吧增添生活情趣

男主人对于下厨用餐相当讲究，没有界线的开放式餐厅及厨房空间，除了在一侧配备完整的厨房设备，还在另一侧规划小酒吧，上方以铁件架构水平垂直线条的置酒架，让酒瓶也成为餐厅装饰。
图片提供：森境&王俊宏室内装修设计

292
吧台融入书报架，家也是咖啡馆

一家三口的小家庭结构，房子的面积有限，由厨房延伸规划吧台与餐桌，搭配整合后方齐全的电器设备，吧台可烹煮咖啡、烤面包，立面更是增加书报架功能，在家享用早餐、午茶有如置身咖啡馆。
图片提供：大湖森林设计

◎ **尺寸建议。**书报架前端的框架，预留约 1.5 厘米的厚度，方便收纳一般杂志。

293
增设吧台让收纳量倍增

由于空间面积有限，紧邻客厅的厨房区除了在厨具上、下方规划收纳柜、吊柜之外，另外在客厅与厨房之间加了一个结合收纳的吧台，台面可作为吧台使用，台面下可以放置相关电器用品，让小空间的收纳量倍增。

图片提供：漫舞空间设计

294+295
木石混搭吧台，杯子、茶叶罐收纳更好拿取

除了独立的厨房之外，餐厅旁更增设中岛吧台且配置炉具，满足制作轻食、泡茶等需求，因此吧台下方规划开放与门扇式收纳，而且设计师特别将开放层架设置于内侧，避免在主要动线上造成视觉凌乱感。

图片提供：怀特室内设计

293

五金选用。由于吧台还兼柜体之用，便在其中一层加入抽拉式五金，方便置放电器外，也容易抽取使用。

材质使用。吧台主要是以系统家具为主，所使用的系统板材贴皮后耐污也好维护，不用担心清洁问题。

295

材质使用。开放层架部分利用木头烤漆创造出仿铁质感，呼应一旁的铁件柜体。

294

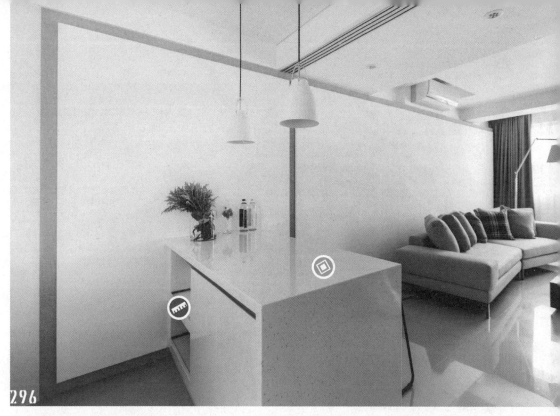

尺寸建议。 深度 80 厘米的吧台，足以作为餐桌和备料台使用，同时下方做出可抽拉的电器抽盘，以及开门式收纳，使电器各有所归。

材质使用。 吧台选用耐脏耐磨的人造石，无毛细孔的特性，使脏污不会渗入内部，清洁一点都不费力。另外，选择净白的色系与空间同调，整体风格更为一致。

296
收纳、备料、餐桌兼具的多功能吧台

这是一间二手的小跃层，由于面积较小，且只有两人居住，因此在二楼的厨房仅增设吧台，可作为电器柜以及料理台使用，有效节省空间。特意加大宽度的吧台，也兼具了餐桌的功能，即便一边吃饭、一边烹饪也能轻松自如。

图片提供：Z轴空间设计

297
吧台结合开放式收纳，杯盘取用更方便

在开放式餐厅、厨房中配置吧台，为餐厅增添情境式的用餐氛围，并赋予吧台实用的收纳功能，在桌面下方设计开放式的展示收纳空间，提升物件取用的灵活度。

图片提供：尚艺室内设计

施工细节。 将收纳设计在转角处，使桌面下有位置能放置双脚。

材质使用。 桌面采用大理石搭配金属材质桌脚，展现利落的现代感。

3

吧台

吧台＋收纳

吧台＋餐桌

吧台＋中岛厨具

298 **根据使用习惯
安排高度**

如果吧台同时兼具洗涤或料理轻食的烹饪功能，中岛台面
高度90厘米为宜。一般吧台高度会设定在110厘米上下，
如果不是很习惯坐在吧台上用餐，或是有小孩的家庭，建
议餐桌高度不要与吧台一致，维持在符合人体工学的75
厘米上下。

3D图面提供：纬杰设计

299 悬空嵌入工法，空间可延续放大

将吧台与餐桌视为同一件家具时，餐桌部分可运用悬空设计手法，让餐桌桌面看似嵌入吧台内，不过施工时要注意结构支撑是否稳固，通常悬空桌面都会隐藏铁件或钢构为主体结构，上端再覆盖要展现的材质。

300

⊛ 施工细节。吧台与餐桌要视为同一家具整体规划，再经各自两种处理手法，需先装吧台的木制底部与餐桌脚座，再让餐桌桌面与台面运用"交卡"方式最后结合在一起。

⊛ 施工细节。吧台收纳以预制的烤漆铁件嵌入赛丽石所包覆的台面，兼具实用性同时达到美感及整体结构的平衡。

300
T字形吧台&餐桌

将原本封闭的厨房打开，作开放式规划，释放空间，住宅感觉更加大气。结合吧台与餐桌的手法，除了偶尔能让餐桌充当备餐台的角色外，也让烹饪者与家人多了亲近互动的机会，情感的聚集与交流，使其自然成为住宅另一个生活重心。
图片提供：相即设计

301
精致材质量身打造兼具收纳展示与实用功能的吧台

重视凝聚家人情感的餐厨，以黑、白、灰为厨房定调，整套厨具皆为业主量身定做，料理吧台下方结合开放式收纳柜，方便收纳、拿取常用餐具，并从料理吧台衔接餐桌，增加使用功能。
图片提供：森境&王俊宏室内装修设计

301

【吧台】

餐桌

302　泡茶联谊的休闲吧台

联结热炒厨房与餐厅的 L 形吧台被定位为泡茶、咖啡休闲放松的区域，背墙上方为开放式陈列架，下方则是酒柜，台面设置电磁炉，水槽备有洗涤用及饮用两种龙头，方便准备饮品酒水。台面延伸作为便餐吧台，两面都预留足够深度，长坐聊天更舒适。

图片提供: 珥本设计

◉ **材质使用。** 吧台台面为人造石，后方柜体贴覆茶玻，吧台区黑白色调的现代感，木质人文的餐厅，表达西器东用的文化交融。

◉ **尺寸建议。** 吧台高度 90 厘米左右，站立使用时不用弯腰，搭配高脚椅坐起来也舒适，因与餐桌高度不同，自然界定空间属性。

303

🌀 **尺寸建议。**这里的餐桌维持 72 ～ 78 厘米的正常高度，只需选配一般餐椅，久坐谈天也较为舒适。

⚙️ **施工细节。**餐桌结构必须预埋进中岛内，加上导角设计，减轻家具的厚重感。

303
定制餐桌嵌入中岛，双功能展现空间气势

由于房子的面积够大，加上业主有宴客的需求，特别将中岛结合餐桌让空间更有独特性与设计感，台面更增设水槽，让女主人清洗水果时也能与客人谈天，餐桌部分则设置 LED 灯，符合业主喜爱的休闲吧氛围。
图片提供：界阳&大司室内设计

304
吧台兼餐桌，贴近生活形态

原始厨房为封闭式，然而业主偏好国外的餐厨合一形态，于是设计师将厨房隔断取消，舍弃餐桌配置，以中岛吧台结合餐桌的概念，提供轻松且弹性的运用，而中岛台面下方更增加小家电收纳处。
图片提供：大湖森林设计

🌀 **材质使用。**中岛吧台选用人造石一体成型设计，可节省预算也好保养。

304

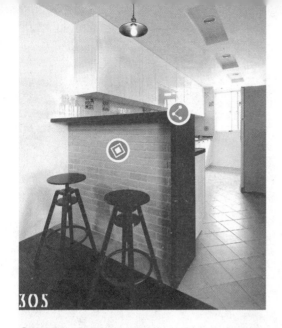

305

305
加一个吧台多一个简易餐桌

厨房区特别沿厨具再多设计了一个吧台，不会是太大尺寸的，既不会破坏应有的清爽视觉感受，又充分发挥了空间的功能特性，再加入几张高脚椅就能化身为简易的餐桌。
图片提供：漫舞空间设计

306
小型中岛兼具餐桌功能，二人世界更多了用餐乐趣

在移除多余卧房后，创造一个宽敞明亮的餐厨房，由于居住成员只有夫妻二人，平时也很少开伙，因此并未摆放餐桌，利用兼具餐桌功能的小型中岛，营造功能性高又简洁的用餐空间。
图片提供：森境&王俊宏室内装修设计

◀ **施工细节。**除台面部分加宽之外，板材也加厚，加强使用的稳定度与安全性。

◉ **材质使用。**砌起来的吧台墙面贴上了文化石，增添墙的美，同时也与室内风格相呼应。

306

📏 **尺寸建议。**由于用餐频率不高，让中岛兼具餐桌功能之外，稍微调高台面高度，搭配高脚椅创造出吧台式的休闲效果。

◉ **材质使用。**中岛嵌入槽让厨房使用更为灵活，人造石台面结合金属桌脚，使整体造型增添时尚感。

尺寸建议。考虑站立烹调的高度，中岛台面约 90 厘米高，使用时较方便。

施工细节。木桌先用单侧落地提供主支撑，悬空台面只要用短圆铁件与部分吧台嵌合即可。

材质使用。吧台刻意选用与阶梯底层相同的石材做呼应。

307
中岛串联餐桌营造大方气度

业主想要一个中岛，设计师考虑空间条件，将中岛结合餐桌设计，让中岛可三面使用但不会减小空间，上方的横梁则悬挂定制吊灯，交错产生的趣味，搭配大餐桌展现大方气度。左侧桌板延伸可搭配吧台椅，成为早餐便餐台。
图片提供：珥本设计

308
石吧台切分区域、提供支撑

餐厨用木桌与吧台垂直交接定调区域功能。业主常宴客，体型轻薄的长条木桌不论在座位增减、餐食摆放上都更具弹性。吧台除了是分界，也因嵌合造型成为木桌支撑点。厨房可利用灯光色彩变化气氛，石吧台则有助气氛升温。
图片提供：奇逸设计

【吧台】餐桌

309

◉ **施工细节。**中岛台面内侧设置两支工形钢，同时经过 24 小时测试，可承重 200 千克。

◉ **材质使用。**为将料理台、吧台及餐桌的长桌整合，可利用材质区分，分别为不锈钢大水槽、人造石及枫香木。

◉ **尺寸建议。**长桌整体为 490 厘米长，100 厘米宽，利用长凳可容纳最大数量的来客，并透过高低差区隔功能。

309
悬臂式中岛餐桌，让厅区更通透

玄关一进门就是餐厨与客厅，在有限面积之内，除了运用中岛台面与餐桌的结合，更特意采用悬空设计，让地坪材质不中断，就能有放大空间的效果。

图片提供：宽月空间创意

310
柱子形成支撑餐厅大长桌的框架

顺势将柱子结构还原为它的支撑属性，并予以强化扩展，定位为支撑餐厅的框架，一个支援厅区收纳的柜子，被视为大长桌的一部分来处理。大长桌与厨房吧台联结，变成长型空间里的一道线条，对应其他线性元素，如天花板、电视墙、长桌子等，拉长空间景深。

图片提供：尤哒唯建筑师事务所

310

◉ **材质使用。**台面采用仿锈铜金属面材，彰显粗犷风韵，底部展示书架则结合铁件与木皮，切齐地坪的异材质拼接线，形成一道领域界定。

311
复合功能，工作阅读用餐都好用

轻食吧台搭配铁件悬吊灯饰，满足灯光照明需求，让用餐区域结合工作台面、阅读书桌等实用功能，并在底部配置格状收纳书架，不仅可作为高复合功能的桌体设计，更形成居家中的过道导引，替空间勾勒水平线条的美感。

图片提供：近境制作

312
独立式中岛吧台使用不受限

在餐桌与端景墙之间加一座独立式中岛吧台，上方嵌入电磁炉具、下方结合抽屉柜体，提供多重功能。独立的中岛吧台并未靠墙摆设，无论身处于哪一侧都能作为简易餐桌使用，甚至也没影响到位移动线。

图片提供：丰聚室内装修设计

◉ **尺寸建议。**独立式中岛吧台尺寸约 120 厘米 ×95 厘米，尺寸大小适中，想在其中植入功能也不用担心位置不够。

◉ **材质使用。**中岛吧台上方及两侧以人造石材质为主，轻盈也好清洁保养，刚好与柜体色系吻合，产生一致性的美。

313
兼具烹饪与用餐功能的吧台

由一字形厨房延伸而出的吧台，高度与厨具一致皆为 80 厘米，桌面配置电磁炉设备，可做轻食或火锅料理使用，提高吧台的功能性。

图片提供：甘纳空间设计

314
结合餐桌、工作桌功能的吧台

从厨房吧台一路延伸至公共空间，可当作餐桌也可作为工作桌，人造石台面落差以立体切割面衔接，并在桌面规划了收线盒，方便电脑、网线盒等的安装与使用。

图片提供：演拓空间室内设计

313

◎ **材质使用。**硅钢石不论在硬度、密度、强度和耐高温程度上都远超过其他台面材质，对于有电陶炉设备的桌面来说较为耐用。

◎ **施工细节。**台面落差的切割从平面图转为立体的过程，必须与施工师傅充分沟通，确认点线面的位置。

◎ **材质使用。**人造石台面在拼接时会使用无缝胶接合，因此看不出接缝，达到一体成形的效果。

314

◎ **材质使用。**采用深色赛丽石作为料理台材质，具有耐污、较为抗菌、耐刮等特质，结合美观与实用，方便长辈使用。

◎ **施工细节。**赛丽石经抛光与真空压制而成，材质硬度大，台面设计上保有适当空间，可供作为切菜板使用，让餐厨用具回归简化。

315
房间融入餐厨，方便长辈起居

空间为位于楼上的长辈使用空间，为了避免长辈因为用餐需求而频繁地上下楼，因此难得地将私人区域融入复合设计，把卧室、餐厅、厨房等功能合而为一，并把厨房料理台面结合餐桌，形成了流畅的使用动线。

图片提供：近境制作

316
混合现代与古典风格的用餐吧台

公共空间以开放式手法整合客厅、餐厅与厨房区域，搭配一字形中岛结合用餐吧台的安排，让空间动线在不受拘束之中，又富有某种稳定优美的秩序感。结合美式风格的空间主题，则巧妙表现在了桌脚的设计上，展现幽默感。

图片提供：甘纳空间设计

317
超长5米餐桌与中岛整合

独栋住宅的中间餐厨将长达3米的餐桌与2米的中岛结合，在水平轴线获上得开阔延伸的视觉体验，衬托出空间感，也彰显出整体气势。

图片提供：纬杰设计

【吧台】餐桌

◎ **材质使用。**中岛吧台选用人造石打造，没有毛细孔，防污、耐脏又好清理。

◎ **施工细节。**餐桌底下仅运用单支铁件做支撑，餐桌侧边同样以单支钢构固定于楼板，让餐桌看似悬浮在空中，十分轻巧。

⊚ **材质使用。**大量低色调的雾面石材，无色彩的黑灰白呈现科技印象，使空间理性不冰冷，保留居住空间该有的感性。

318
中岛餐厨整合影音阅读

舍弃房间隔断，通过一道长形中岛整合餐桌，自由环绕的动线让空间更为宽敞，让自然光散布的距离更远。

图片提供：水相设计

319
吧台台面延伸功能也延伸

吧台依据厨具设备再做延展，形成冂字形。有趣的是特别将台面尺寸做了加长，多出来的部分加张椅子又能实现餐桌功能。

图片提供：大晴设计

⊚ **材质使用。**台面使用的是人造石材质，除了耐磨、防水，也容易清洁、维护。

✎ **尺寸建议。**吧台台面长度也刻意做了延伸，加长部分正好作为餐桌使用。

320 吧台与餐桌结合，大气、时尚、功能兼顾

长形餐厅运用大理石台与餐桌搭配，使空间有延伸效果。除了墙上的开放式收纳柜满足功能需求外，在餐桌延伸的吧台之下，也同样规划了餐具储藏空间。而餐桌采用深色木纹桌面及桌角的斜边设计，与大理石的重量感形成有趣对比。
图片提供：子境空间设计

● **尺寸建议。** 实木餐桌长约 150 厘米、宽 105 厘米、高 75 厘米；吧台则为长宽均约 105 厘米，高 78 厘米，做出高低差的视觉效果。

◎ **材质使用。** 吧台用大理石框架的厚重，对照铁件桌脚配胡桃木餐桌的轻盈，形成空间里的有趣对比。

321

尺寸建议。 由于厨房及餐厅空间并不大，因此吧台尽量精小化，高度为110厘米，长约130厘米，宽60厘米，并搭配可调吧台椅，呈现一致风格。

材质使用。 采用3种不同复古红砖组成餐厨空间的砖墙，搭配毛丝面金属主墙及吧台，加上竹铆钉设计，打造飞机机壳感，营造浓浓创意工业风。

321
坐在机翼上吃饭的空间想象

厨房的设计是采用开放式的规划，在粗犷红砖墙上的吧台主墙上运用金属钢板打造出如飞机机舱外壳的造型，而吧台餐桌则是以机翼为概念，并加装车轮支撑固定。金属墙上是机窗，可放业主喜欢的照片。脚踏车吧台椅，是用椅座、脚踏车五金特别定制的。

图片提供：好室设计

322
中岛大餐桌把家人聚合

为了让空间更加开阔，将餐厨区做整合处理，并通过中岛吧台结合餐桌的做法，制造出空间的主体焦点，减少家具使空间更开阔。中岛提供家人共同使用的生活情境，妈妈的料理台、孩子的早餐吧台、爸爸的工作桌和全家人的餐桌。

图片提供：成舍设计

322

施工细节。 利用高低差的立面置入插座做出功能上的区隔。

💧**尺寸建议。**吧台长度约 140 厘米，加上 180 厘米长的桌面，不论是准备简单轻食或是三五好友聚餐都没有问题。

323 备料、用餐皆宜的吧台设计

客厅、餐厅合并的设计，有效扩大空间。吧台和餐桌联结，构成大型且无屏障的餐饮空间，使用餐、聊天都不受阻碍，能凝聚家人朋友的情感。吧台则加装水槽，能够准备简餐，下方则视需求增加收纳空间，开放式的设计，不仅方便拿取，置放的物品也能成为点缀空间的亮点。

图片提供：大雄设计

324
吧台餐桌想变就变

吧台采用深蓝黑板漆铺陈，迎合男主人希望在家就能自在挥洒的需求，具备"想变就变"的生活弹性，吧台上方悬挂白铁工作吊灯，点出轻工业风的居家主题，并在一旁规划空气循环机取代传统抽油烟机。吧台上方悬挂白铁材质的工作吊灯，与粗犷的吧台台面相呼应，点出轻工业风的居家主题。

图片提供：天空元素视觉空间设计所

325
一体成型吧台餐桌，节省空间

由于只有两人和宠物居住，再加上面积较小，需巧妙利用空间，因此拉长中岛延伸出木制餐桌。一体成型的流畅设计，用餐、烹饪功能兼具，有效节省空间。同时客厅和餐厨开放无隔断的设计，也让客、餐、厨三区形成视觉的连贯，空间更为开阔。

图片提供：大雄设计

◉ **尺寸建议。**结合厨房料理台的 210 厘米吧台设计，通过不同高低差划分区域，如吧台高约 110 厘米，对应 90 厘米的料理台。

◎ **材质使用。**料理台台面采用人造石及不锈钢水槽，在吧台部分，面材以实木为主，但立面采用深蓝色黑板漆铺陈。

◉ **尺寸建议。**由于空间面积较小，需预留四周的走道，中岛约长 120 厘米，延伸出的餐桌桌面长 140 厘米、宽 80 厘米，两人对坐用餐也不显拥挤。

◎ **材质使用。**以赛丽石打造的中岛，不仅拥有硬度高的特性和好清理且耐脏的优点，而且中岛延伸出木制餐桌，木皮的原始味道，与整体的北欧自然风格吻合。

3

吧
台

吧台 + 收纳
吧台 + 餐桌

吧台 + 中岛厨具

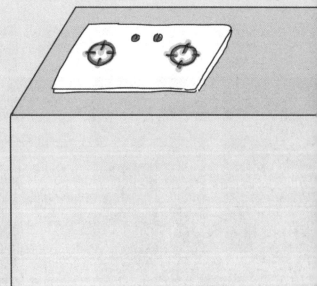

插画绘制：黄雅方

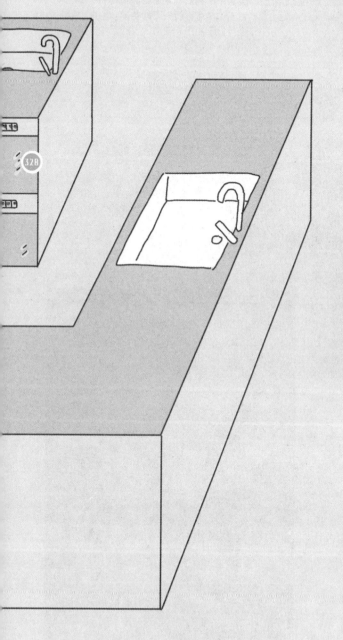

326　中岛型吧台
深度要留 80 ~ 85 厘米

当吧台兼具料理工作台功能的时候，台面的面积要更大，深度建议为 80 ~ 85 厘米，才适合用来当成工作台，特别是喜欢手制面包、饼干的业主更要有充裕的空间。

327　专业人员
进行管线配置

如中岛兼具烹饪或是放置嵌入式电器的功能，装置之前要再三确认电器尺寸，并由厨具厂商专业人员配置给水、排水与电源相关位置，橱柜施工完毕后将电器放入柜体中，进行测试即完成。

328　设备尺寸
符合橱柜尺度

洗碗机要摆到中岛台面下，设备大小就必然影响柜体的尺寸，一般厨具深度是 60 厘米，因此建议选择宽 60 厘米、深 60 厘米、高 85 厘米的机种。

329

是料理台也是简易吧台

厨具中又特别规划了结合厨具的中岛吧台，除了可以区分不同料理，也让功能相互分工。由于内含简易的电磁炉具与水槽，可作为轻食料理区使用。由于吧台尺度够宽，做完料理后也能直接在此品尝，解决移动不便的问题。
图片提供：丰聚室内装修设计

330

结合多重功能的轻食吧台

开放厨房运用染灰橡木、檀木交错成水平线条，厨具上增设吧台，可在此享用早餐、下午茶点，刻意加长的吧台与对比色调，强调出功能的差异。
图片提供：宽月空间创意

🖲 **尺寸建议。** 中岛吧台的深度约 65 厘米，但在台面特别加深至 85 厘米，方便作为简易吧台之用。

◉ **材质使用。** 中岛吧台台面材质仍以好清理、耐热、耐污材质为主，因此选用人造石材质，美观大方又耐用。

【吧台】

中岛厨具

◉ **材质使用。** 天然石材台面呼应空间传达的放松悠闲感。

331

331

🔘 **尺寸建议**。记得预留台面拉出后的行走动线，避免走道太窄变得不好使用。

🔻 **施工细节**。迎合业主高档品味，选配进口厨具，搭配独有背墙系统，暗门尺寸及容积均量身定制，需符合厨具的现场条件。

🔩 **五金选用**。在墙面添加银色铝合金板把手，材质轻且具有良好手感，光洁度正好搭配白色墙体，成为不俗的装饰。

331
弹性伸缩中岛台面，是厨具也是吧台

看似平常的中岛，只要把桌面拉出即成为一个吧台式餐桌，而原本隐藏在桌面下的厨具也显露出来，大大节省了厨房空间，也增加了中岛的功能。

图片提供：纪氏有限公司

332
厨具延伸吧台，使动线更流畅

厨房呈白色主调，同时添加驼色木材质，营造出清爽的餐厨氛围，后方墙面隐藏暗门，将厨具隐身其后，整合成完整立面，同时墙与吧台做出接合设计，可成为轻食餐桌，也身兼置物台面，与料理台连成一条顺畅流线。

图片提供：鼎睿设计

332

尺寸建议。中岛台面以适当的长度，提供足以容纳一家三口用餐的场地。

333

333 独立吧台增进亲子互动

为了享受美好的窗外景致，刻意将靠窗厨房向内移，中岛厨房结合吧台与用餐的功能，开放的餐厨空间也增加亲子间的互动，联络家人间的感情。

图片提供：六相设计

334　高度提升，厨具延伸变吧台

东向厨房借由大开窗及采光罩变得更加明亮，并利用金色镀钛铁板的光泽，来平衡黑色火烧面花岗岩料理台厚重的视觉效果。侧边用木作拉出水泥色短墙，一来可增加吧台线条及素材的变化，二来也能遮挡外露杂物，维持整洁的视觉效果。

图片提供：奇逸设计

⚙ **材质使用。** 选用抗指纹处理的镀钛板，可解决需要经常擦拭的问题。

📏 **尺寸建议。** 面宽足够，以长约 2.8 米、宽 55 厘米、厚约 8 厘米的尺寸来打造吧台，让整体比例更协调。

4

卧榻

卧榻＋收纳

卧榻＋家具

插画绘制：黄雅方

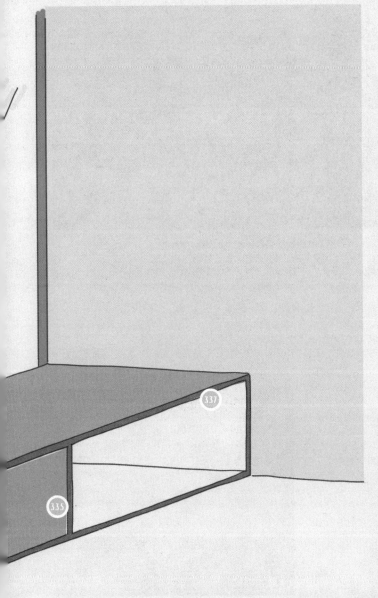

335 抽屉式收纳
最实用

现代住宅的收纳空间经常不足，利用卧榻深度设计收纳区域，不失为解决收纳问题的好方法。卧榻收纳设计通常又分为抽屉式或上掀式，其中抽屉式使用便利，但须选用品质良好、耐用的五金，且平常使用时最好平行拉出，以免因不当使用而发生故障。至于上掀式收纳的容量较大，但因为开启时须将坐垫挪开，比较适合放置不常拿取的物件。

336 收纳式卧榻
约 50 厘米宽

卧榻尺寸可依照环境条件、业主需求定制，若主要规划为收纳功能，通常宽度大约在 50 厘米，很适合用来收纳玩具或是 CD 等杂物，可彻底运用到每个空间。

337 加厚板材
增加耐用性

多数卧榻为木制贴皮材质，若为阅读、泡茶等使用，一般板材厚度即可，假如兼具电视柜的功能，建议可增加板材厚度，搭配板材下的立板结构支撑，可避免因长时间重压变形。

338

● **尺寸建议**。总长度为 347 厘米的大沙发，上面可以利用不同尺寸的扶手抱枕排列组合，灵活调整座位宽度，至少能容纳 5 个人并排坐；当客人来访时，也能充当临时客床。

◎ **材质使用**。卧榻硬体结构为木芯板贴木皮，抱枕填塞高密度泡棉，有一定的硬挺度与支撑力。特别规划三种不同尺寸的扶手，实现不对称的多变功能。

338
临窗沙发也是客床

临窗处沙发平时与复合大餐桌搭档，便成为业主一家练字、吃饭的主要活动场所。调整卧榻抱枕排列后，能从沙发变身卧榻，成为午憩或是有客人来时可休息的地方。卧榻下方为木制收纳柜体，提供大量杂物存放功能。

图片提供：馥阁设计

339
架高九宫格卧榻，可躺又能收

三代同堂的住宅空间，考虑老人有午睡的习惯，特别挑选拥有绿意的客厅窗边规划架高卧榻，卧榻采用九宫格配置，中间部分是舒适坐、躺、卧的多功能弹性平台。当升降桌面升起时，其余朝向收纳柜才可掀起来当作收纳空间使用。

图片提供：力口建筑

339

◎ **材质使用**。卧榻特别选用榻榻米材质，比布垫更为透气，也有怡人的香味。

340

340

延伸书桌的窗边卧榻，营造休闲阅读区域

延伸书桌的黑色台面设计，串连到窗边以卧榻收尾，让书房有一体成形的视觉效果。架高的卧榻下方可收纳杂物，而上方则放上与沙发同材质及颜色的坐垫，不但营造出休闲的阅读氛围，在客人来访时也能充当临时休息区。

图片提供：子境空间设计

341

电视柜卧榻是孩子们的游戏区

为了孩子的生活环境与健康，业主夫妻舍弃都市繁华搬至郊区，为了不辜负窗外无限绿意，设计师特别将投影荧幕设定在临窗处，让大型电视柜兼卧榻功能，坐在沙发上随时能远眺自然美景，小朋友也可以在窗户旁开心玩耍。

图片提供：馥阁设计

🔖 **尺寸建议。** 木地板上方再架高40厘米形成窗边卧榻，长约220厘米、宽90厘米，正好可容纳一位成人卧睡。

◎ **材质使用。** 木制卧榻，下方加装抽屉可以成为收纳空间。而卧榻上方则采用高密度泡棉的大型坐垫兼床垫，让人躺卧都舒适。

🔖 **尺寸建议。** 电视柜总长485厘米、深度80厘米，不只小朋友，连大人在上面睡午觉都没问题。

◎ **材质使用。** 卧榻为木制贴皮材质，板材厚达5厘米，加上下方有立板支撑，能够承受小朋友蹦蹦跳跳而不会有崩塌变形的危险。

341

✎ **尺寸建议。**卧榻深度为 55～60 厘米，
比一般餐椅还深，坐起来格外舒适。

342

342

架高木制卧榻收纳杂志、书籍

选择在景观最好的地方设置餐厅，并于窗
边以钢刷梧桐木规划休憩卧榻，有别于一
般卧榻直接落地，这里的卧榻稍微悬空，
加入椅脚设计，可淡化木材的厚重感，而
卧榻下端更包含开放与封闭式收纳抽屉。

图片提供：界阳&大司室内设计

343

小卧榻当沙发收纳使用

运用系统家具所设计出来与化妆桌、柜
体一体成形的卧榻，除了作为沙发使用，
下方也增加了收纳功能，打开柜门就能
把日常生活所需物品摆放进去，提升使
用功能也能满足收纳需求。

图片提供：漫舞空间设计

◉ **材质使用。**门扇上缘处有做内斜设计，可作为
开关把手之用，省去加设五金的必要。

343

344

临窗卧榻兼具阅读和收纳功能

房间窗边下方有大型的内凹空间，为了
有效利用，临窗做出卧榻。利用高楼层
的优势，能一边阅读一边欣赏户外美景。
同时卧榻下方设计了大量的收纳空间，
足够的深度方便收纳不常使用的物品。
餐厅背墙以开放式柜体铺陈，满足业主
人量藏书的需求。
图片提供：十一日晴空间设计

345

窗边卧榻呈现静谧自然氛围

卧房的采光良好，两大扇窗户能俯视户
外，为了不浪费这片美景，沿窗做出卧
榻，打造舒适静谧的卧寝空间。卧榻下
方设置收纳空间。物尽其用的设计，有
效利用了空间。卧榻向左延伸，加高高
度后变成为简易的书桌，也可当作梳妆
台使用。
图片提供：Z轴空间设计

🕒 **尺寸建议。** 卧榻做出约 70 厘米的深度，足够一人舒适地
坐卧阅读，下方则装设开门式的柜体方便蹲下收纳物品。

🕒 **尺寸建议。** 卧榻刻意从窗台延伸至柱体处，拉长视觉之
外，也巧妙隐藏了柱体。深度 60 厘米的适宜设计，让人躺
下去一点都不觉得狭窄。

345

五金选用。下方抽屉式设计，在门扇上加了铜质的五金把手，让整体更有型也更好开启使用。

材质使用。木纹色的系统板，与床头背板的木皮相互呼应，美耐皿的面材更便于整理与清洁，具有美观耐久的特点。

346

可坐可休憩，还可当收纳空间

卧床旁规划了一个卧榻区，可当椅子坐也可以在这儿小憩，更重要的卧榻底下结合了收纳设计，拉开抽屉就能收纳相关生活物品，善于利用空间也让使用功能得以充分发挥。

图片提供：丰聚室内装修设计

兼具座椅与收纳的完美设计

配置在沙发旁边的卧榻椅，高度根据窗台设计，所以不会破坏整体的视觉效果，卧榻除了兼具座椅功能，还隐含了收纳作用，打开座椅门扇就能将生活物品摆放进去做好收纳。

图片提供：大晴设计

施工细节。柜体门扇非上掀式设计，而是可以从座椅下方直接打开门扇，使用方便。

五金选用。门扇与柜体之间以铰链五金做衔接，通过螺丝锁于两者之上，不用担心外露影响外观，也方便轻松开合。

347

【卧榻】

收纳

348

⬤ **尺寸建议。** 卧榻高度约 65 厘米与水族箱高度一致，借由高度统一，可减轻视觉上的零乱感，空间线条也会更加简洁。

348
低调用色减少视觉干扰

为了有效运用空间，在靠近窗边设置卧榻座位，解决客人来访时座位不够的问题，另以上掀式收纳设计，让座椅同时具备大量收纳空间；采用低调的深灰色，则是避免颜色过多造成视觉干扰，让空间线条更加利落、有型。
图片提供：邑舍设计

349
临窗设置卧榻，创造舒适角落

主卧利用采光最佳的窗边，增设具有收纳功能的卧榻，下方大容量的抽屉设计，不只方便蹲下抽拉，也增加收纳的空间。同时卧榻转折向上，便可作为书桌使用，让喜欢阅读的业主，多了一个休憩的舒适角落。
图片提供：摩登雅舍室内装修

349

⬤ **尺寸建议。** 让人可舒适坐卧的深度至少要 50 厘米，高度则以坐着方便站起施力为准，同时下方采用抽屉抽拉，弯腰就可看清置放的物品。

◎ **材质使用。**卧榻运用双色对比设计，具有层次感。

350
双重功能实现小空间的高效利用

将座位跟储物空间重叠，靠窗处的卧榻拥有大容量的收纳空间，也是小孩午睡的地方。此外当家中有展示需求还需要一道沙发背墙的时候，不妨将两者结合变成一面展示背墙，整合纪念品、书籍的展示，让生活记忆成为居家最亮眼的装饰，至于大型物品则收整到卧榻中去。

图片提供：成舍设计

351
收纳结合卧榻满足多重需求

业主希望以度假风作为整体设计概念，因此材质与用色皆采用自然系，延续度假风；面积不大应整合功能以减少空间浪费，其中从电视墙贯穿公共空间的矮柜，可将视觉一路延伸至落地窗，空间因而有放大效果，尺度经过计算方便坐卧，弥补座位不足，同时营造轻松、慵懒的氛围，除此之外，柜体下方深度约45厘米可拉抽的收纳空间，也能满足一家人收纳的需求。

图片提供：杰玛设计

◎ **材质使用。**小空间不适宜选用太沉重的颜色，高度降低同时选用浅色橡木贴皮，减轻空间负担的同时，偏自然系的用色也符合整体度假氛围。

352 与音响结合的收纳卧榻设计

在靠窗处架高木地板上规划出一处卧榻区，于底部融入收纳功能，并将音响的重低音部分规划其中，上方的滑轨道工业灯构成有趣的画面，通过良好采光与窗台小植栽的相互搭配，呼应了整体的绿意感设计。木质温润的色彩也与粗犷的红砖墙及绿色烤漆橱柜门扇形成过渡带。

图片提供: 好室设计

◉ **材质使用。**为对应左墙绿色烤漆的细致感，及右侧红砖墙的粗糙感，因此卧榻采用栓木山形实木皮营造温润感，通过仿大型机具的滑轨吊灯增添趣味性。

◆ **尺寸建议。**高 40 厘米、宽 160 厘米及长度 300 厘米，若有客人来访，移开茶几，睡两个成人都没问题。

4

卧榻

卧榻 + 收纳

卧榻 + 家具

 **定制化功能卧榻
可以结合茶几、床铺**

卧榻不见得只能当作座椅，也可以结合活动
式茶几，甚至利用卧榻高度定制可收纳的床
铺，就能把实用性再提升。

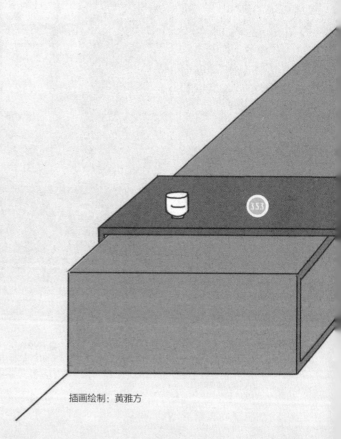

插画绘制：黄雅方

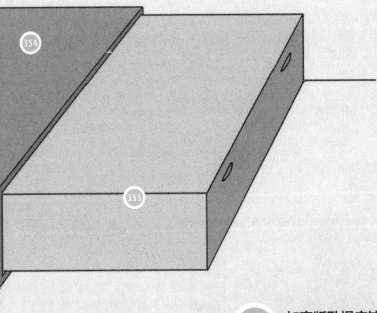

 卧榻面材
依据功能选择

例如在卧榻上搭配不同的坐垫设计，以及不同色系与花纹的抱枕等软装，就可呈现截然不同的设计风格。

355 **加宽版卧榻床铺**
要搭配定制五金

如果只是用于短时间的休憩，卧榻多为贴饰木皮加上坐垫设计，若是长时间的使用，建议卧榻底部可加入泡棉，表面也最好选用较为柔软的材质，让使用者更加舒适。

● 五金选用。活动小柜椅底部设计隐藏轮子，到处推着跑也不怕刮伤地板；活动小几两边也设有轮子与轨道，调整移动起来格外顺手。

◎ 材质使用。小几表面铺贴风化木皮，表面喷透明漆作防水处理；卧榻部分则贴染白橡木木皮，表面再作喷白处理，在同样的木色调下，展现出细微的层次质感。

356

356
卧榻内藏四个滑轮方形柜

窗边的卧榻区，下方规划能够完全拉出的四个活动方形柜体，可充当客厅座椅，加上原有的卧榻，就是两倍的坐卧量，客人再多都不怕。此外，活动小柜可上掀面盖，变身大肚量的收纳箱子，使整理杂物与移动的便利度增加。

图片提供：明楼设计

357
漂浮卧榻兼具衣柜、抽屉收纳功能

小房间透过复合式功能设计，创造出开阔的空间感，利用窗边的开口处，规划衣柜与卧榻整合的框景，卧榻提供多样的阅读方式，而看似漂浮的底部，其实还隐藏双抽屉，刚好让孩子收纳玩具。

图片提供：大湖森林设计

358
地坪翻转延伸多样功能

卧房联结卫浴的地坪架高浮起，界定出空间属性，靠客厅的一侧向上反转延伸为一道台面，除了呼应整体空间的曲线造型，也具备使用功能，既是矮桌也是椅凳，多元运用不设限。

图片提供：CJ Studio

【卧榻】

收纳

357

◎ 材质使用。卧榻选择绷饰绒布，触感较为舒适，右侧灰镜则提供穿衣整饰功能，底部内缩抽屉贴饰镜面，制造漂浮的视觉感受。

● 尺寸建议。虽然衣柜底部内缩，但抽屉仍有 50 厘米深度可使用，加上预留 2 厘米沟槽，无把手也很好开。

◎ 材质使用。树脂水泥、玻璃

358

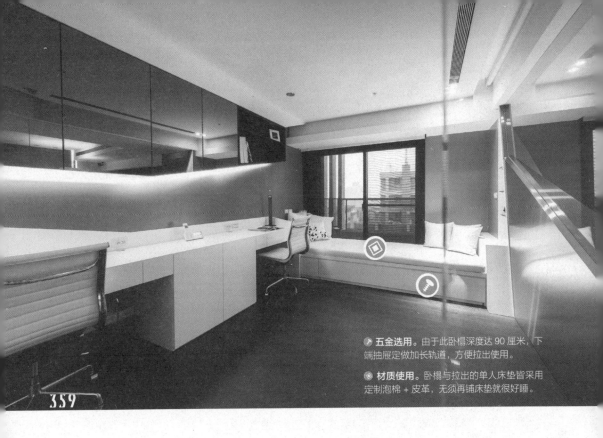

五金选用。 由于此卧榻深度达 90 厘米，下端抽屉定做加长轨道，方便拉出使用。

材质使用。 卧榻与拉出的单人床垫皆采用定制泡棉 + 皮革，无须再铺床垫就很好睡。

尺寸建议。 卧榻尺寸长约 150 厘米，宽约 60 厘米，足够小朋友坐或是躺卧使用。

材质使用。 增加软垫与抱枕，坐起来柔软舒适。

359
卧榻下藏单人床，一房二用

客房内的卧榻不仅要有休憩用途，还须具备客房的功能，因此设计师特别将卧榻深度放宽至 90 厘米，符合单人床的尺寸，卧榻下再搭配一张可抽拉的单人床，一次睡两个人也没问题。

图片提供：界阳＆大司室内设计

360
卧榻兼沙发，功能好实用

书房空间不大，为了善加运用空间，配置了兼具沙发功能的卧榻区，同时还铺上了软座垫，无论坐或是躺都相当舒适。延续充分利用空间的概念，下方也加入了收纳设计，让卧榻一物多用、功能好实用。

图片提供：丰聚室内装修设计

5

楼梯

楼梯+收纳

楼梯+装饰
楼梯+家具

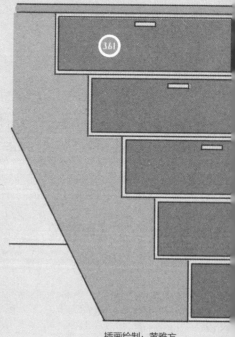

361 楼梯踏阶
堆叠抽屉收纳

楼梯不仅具有串联上下空间的作用，楼梯下
的空间，更适合作为收纳的地方。每一个台
阶都隐藏了收纳抽屉，不开启抽屉，只见交
错的线性切割，打开抽屉，就可以将生活杂
物隐藏起来，不破坏空间美感。

插画绘制：黄雅方

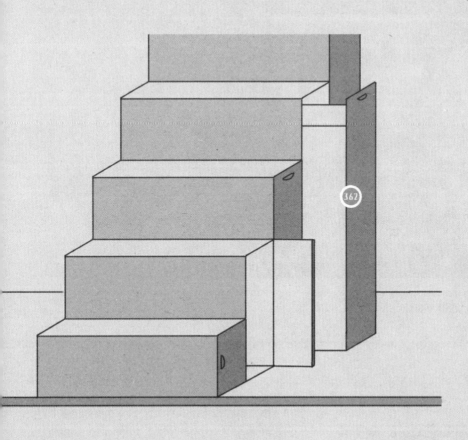

362 楼梯侧面也能变收纳柜

另一种做法是利用楼梯侧面规划为一格一格的收纳柜，又或者是直接将整个楼梯基座的厚度作为厨房的电器收纳柜。

➤ **五金选用。**由于楼梯来往踩踏频繁，加上下方作为镂空收纳空间，因此特别使用德国五金铰链与滑轨，以保证使用寿命。

363
台阶步步皆是收纳

楼梯完全融合收纳功能，除了第二阶放置影音机柜外，在第 3 阶、第 7 阶处做深度达 50 厘米的小储藏室，采用上掀式楼板，并以不同木色区别放置行李箱、电扇、吸尘器等大型物品。

图片提供: 白金里居空间设计

364
楼梯除了收纳，也是小书房

楼梯开口于玄关入口处，每个踏阶都设置上掀盖，提供放置杂物。此外，坐在最上层，把脚沿着阶梯往下一摆，放下嵌于隔断墙中的上掀板，立刻就成为孩子专属的小书房。

图片提供: 瓦悦设计

➤ **尺寸建议。**隔断墙、收纳柜、家具、楼梯构筑成一个巨型量体，总长度约为 315 厘米，高度顶天则是 295 厘米。

366

🔩 **五金选用。**量身定做的电动楼梯，特制电机与铁件、木作，搭配地面与壁面内嵌两条轨道，让楼梯能够自由开启与收回。

📐 **尺寸建议。**楼梯厚124厘米、高154厘米、宽75厘米，可完美收拢于壁柜当中，当完全阖起时，可释放出约90厘米的走道宽度。

🔲 **材质使用。**电视柜的台面为超耐磨木地板，立面则为风化木喷漆，深色结合耐磨材质，无论是站立其上或是坐卧都不用怕。

📐 **尺寸建议。**电视平台约60厘米深，放下电视与喇叭等影音设备绰绰有余。板材厚度约为2厘米，加上下方抽屉间的立板；支撑结构相当稳固。

365
电动楼梯大容量，蒸炉、烤箱通通收纳

32平方米小住宅中，通往上方夹层的楼梯藏于厨房中，平时可收拢于一侧壁柜，释放出约让一个人能够回旋、弯腰的活动空间。重点收纳设置于楼梯侧面，包括层板、抽屉与蒸炉、烤箱，功能十分强大。

图片提供：馥阁设计

366
电视台面当楼梯踏阶

身为电视台面，同时也是楼梯的一个踏阶，设计师并没有浪费下方的空间，顺势作为客厅区域的收纳抽屉。合而为一的规划，让空间整体设计更为一致。

图片提供：明楼设计

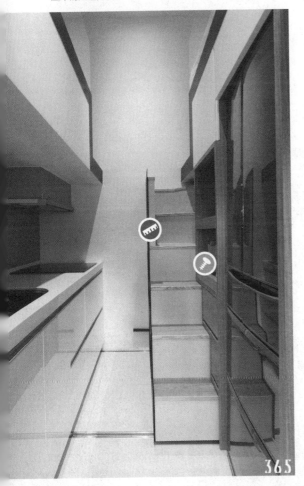

365

🔵 **施工细节。** 落地式横拉门的门扇下方有 0.6 厘米高的轨道，施工时可预埋入地板内，让地面维持平整。

367
横拉门让楼梯储藏更利落

楼梯下方的畸零空间经常用于储藏，门扇式的开启需要预留门扇旋转半径，这时候不妨运用落地式横拉门，使用上不占空间，门扇可选用玻璃或是重量较轻的复合木门。
图片提供：纪氏有限公司

368
巧妙应用梯下空间

应藏书和展示的需求，善用楼梯空间，改建楼梯下方的储藏室，增加收纳量，并挪出部分空间，在外部做出开放式的展示区，让书本也能成为家中装饰的一部分。精心计算好的高度，放进书本紧致有度，一点都不浪费空间。
图片提供：Z轴空间设计

🔵 **施工细节。** 看似不深的开放式收纳，实际上是埋进木盒的构造，借由一体成形的包覆增加木作的承重力，让具有相当重量的书本，也能安然置放。

🔵 **尺寸建议。** 由于一开始就设定好会放置书报杂志，因此以高度 30 厘米、深度 40 厘米的尺寸量身定做，让整体视觉更为紧密有序。

368

369

● **材质使用。** 由于此为男孩房，因此延续整体空间配色，以黑白色系做搭配呼应也不显突兀。

● **尺寸建议。** 立面收纳门扇微凸 0.5 毫米，视觉上仍保有利落感，却能便于使用者开合门扇。

369
具有复合功能的阶梯设计

由于业主希望尽量保留挑高下方空间，因此设计师在挑高四米的儿童房下方留了 240 厘米的空间，楼梯阶数因此增加；考虑量体过大易有压迫感，也容易浪费空间，于是将楼梯做了转折，减少空间的使用，另外将楼梯结合收纳空间，并借由开放、隐藏式收纳交错，创造活泼的收纳风格，也让原本占据空间的大型量体，收放更自由。

图片提供：绝享设计

370
借由功能整合，释放空间感

在仅有 10 平方米的空间中，为尽量让空间显得较为开阔，设计师以系统柜身堆叠出通往夹层的阶梯，利用系统柜原本具有的收纳功能，让阶梯不只能走还能收，考虑到收放便利性，以上掀、拉抽等收纳方式交错应变，颜色太重会显得过于沉重因此采用白色系，弱化量体存在感也有效增加小空间明亮度。

图片提供：绝享设计

370

5

楼梯

楼梯 + 收纳

楼梯 + 装饰

楼梯 + 家具

371 造型多变，
如大型装置艺术

楼梯不再只能串联上下楼层，也可以制造赏心悦目的效果，例如用折梯概念设计的钢构楼梯，如同另类的螺旋梯，营造出每一阶的休憩平台，不依附墙面的无支撑设计，成为大挑高空间的一个大型雕塑品。

3D图面提供：纬杰设计

372 **运用素材特质，
与空间风格相呼应**

现代住宅可运用龙骨钢构设计的铁梯，踏阶选择温润
的柚木实木，或是以铁件烤漆的方式呈现，不过在踏
面的材质选择上也需注意后续使用与保养问题，例如
木皮部分因为要常常踩踏，厚度可增加到6毫米。

373 **楼梯以奇数为计算单位**

每阶高度为 15 ～ 20 厘米，踏板深度为
25 ～ 30 厘米。楼梯长度的计算方式，从地
面到第二层空间（含楼板厚度约 15 厘米）的
总和，除以台阶的高度再乘以踏板的深度，
高度与深度的设定要仔细斟酌。

374
薄型铁梯化身装置艺术

长形屋借梯座置中安排，使冗长动线获得喘息，也区分出各区氛围差异。地面以水泥奠定基座支撑，强调出专属区域。中段则融入水泥平台增加转折、补强结构。薄板凹摺与镂空扶手使楼梯宛若艺术品，成为不可忽视的室内焦点。

图片提供：奇逸设计

375
悬吊铁件楼梯放大空间视觉

挑高小面积住宅，将楼梯倚靠客厅结构墙而设，以喷漆黑铁作为主结构，细腻的楼梯扶手悬挂于天花板结构，踏阶则是轻薄的铁板，让空间保有开阔宽敞感受，而楼梯又像是一件艺术品。

图片提供：界阳&大司室内设计

◈ 施工细节。将木柜与垫高17厘米的水泥结合，既可确立分界也具有提醒功效，避免不慎踢到水泥受伤。

◈ 材质使用。0.9厘米薄型铁梯可将量体干扰降至最小，同时确保承重。

◈ 施工细节。楼梯侧边安排人影接收器，不论上下楼都会自动开启一盏盏侧边的灯光，无须手动控制。

376

尺寸建议。为了保持楼梯风格一致，无论材质如何转换，落差皆是一阶约 20 厘米的高度。

材质使用。木皮部分为了承受常常踩踏的摩擦力，使用 6 毫米厚度，避免过薄而破皮毁损。

施工细节。墙面内顺着楼梯斜度预埋钢槽，增加支撑强度。踏阶面宽至少要 25 厘米，间距则以 15 ～ 18 厘米为宜。

材质使用。灯槽内嵌 8 厘米宽的毛丝不锈钢扶手，增添安全性亦可降低玻璃脏污概率。

377

376
楼梯转折处成小舞台

在长形、透露着平稳气息的住宅空间中，楼梯除了是连接楼层的过道，还扮演着装饰线条量体、舞台等不同角色。利用材质的转换、越来越宽敞的"台阶"，使楼梯不再只是匆匆来去的处所，而是能驻足停留的家人专属表演小舞台、休憩角落。

图片提供：相即设计

377
红梯与灯槽共绽线条魅力

原屋开窗太多使得私密性较差。透过封窗，形成挑高近 6 米的新墙，借由灯槽光源赋予立面更多变化。以灰色石材做起始引导，梯阶则采用暗红跳色，并借镂空姿态型塑轻盈。清玻扶手可确保幼儿安全也能降低设计干扰。

图片提供：奇逸设计

5

楼梯

楼梯+收纳
楼梯+装饰

楼梯+家具

378 踏面延伸整合台面，
小空间更利落

复合功能的规划，可以有效解决面积小的问题，举例来说，楼梯踏面延伸成为电视柜平台、餐桌吧台，通过功能的整合，降低繁复的量体与线条存在感，延续性的线条可达到放大空间的效果。

3D图面提供：纬杰设计

379 善用楼梯结合柜体家具

对于寸土寸金的小面积户型，即便楼梯下方也得好好利用才行。但究竟要规划成
什么样子？还要看楼梯位置和使用者需求，若将卧房规划在空间下层时，也可能
出现书桌、衣柜等，甚至是冰箱或酒柜等。

380

◉ **材质使用。**吧台台面采用强化玻璃，当成台面使用时可确保强度，需要清理水族箱时，只要以吸盘吸起玻璃，就可直接清洁。

【楼梯】家具

380
具备多功能的复合式吧台水族箱

考虑到空间太小，若特别挪出空间放置水族箱，可使用的空间势必受到挤压，因此设计师用黑水泥与磨石子打造出一座复合式吧台水族箱，同时借由吧台划分客厅与餐厅两个区域，并将量体向侧边延伸出两阶楼梯踏面结合铁件，打造一座极具特殊造型的楼梯。

图片提供：邑舍设计

381
沙发椅藏在楼梯下

这个空间是一个约 23 平方米的住宅，但又必须满足基本的生活需求，因此设计师利用楼梯下规划活动式茶几，因为附有滚轮可轻松移动，同样也能作为沙发椅使用，且椅垫内部还拥有收纳功能。

图片提供：力口建筑

381

◉ **材质使用。**正面部分贴饰茶镜，让小空间在视觉上获得更宽敞的效果。

◈ **施工细节。**必须要计算好活动家具推拉的顺手度与活动滚轮是否能固定，才能让弹性空间有更多更好的功能组合。

382

382
楼梯平台成客厅卧榻

拆除顶楼铁皮屋局部楼板，增加室内使用空间，运用楼梯联结上、下两层。将楼梯视为装饰量体而不单单只是功能过道；梯座转折处则纳入客厅中，两层踏阶高40厘米，约等同于椅子高度，成为可坐卧的舒适卧榻区。

图片提供：相即设计

383
楼梯也是电视柜，线路隐形化

挑高3.6米的23平方米住宅，利用复合功能做法，解决面积不大的问题，影音设备柜整合在楼梯结构内，线材、设备的凌乱得以完全解决。考虑到楼梯主体为深咖啡色调，电视框架采用鹅黄色平光色系，不看电视时也可以是室内空间的漂浮量体。

图片提供：力口建筑

🔵 **施工细节。** 楼梯为空间中最大量体却不显笨重的原因在于采用无龙骨设计使线条更加干净利落，加上踢脚板处特别内推，营造不落地的悬浮轻盈感。

🔵 **材质使用。** 楼梯结构采用铁件与夹板，踏面铺贴仿石材瓷砖与木皮，天然质感营造度假氛围，超高挑高尺度也显得住宅更加开阔无压。

🔵 **五金选用。** 黑铁电视框烤漆主体内嵌不锈钢圆管结构支撑架，线路从踏阶延至不锈钢圆管。

🔵 **施工细节。** 不锈钢圆管内径须预留高清晰度多媒体插口及插座线的空间，且长度须最好预留出1.5倍，好让旋转电视时有弹性的线路回转空间。

383

6 门扇

门 + 隔断

门 + 电视墙

384 拉门可创造 零走道空间

公共厅区与书房规划在一起时，常常需要"既私密又开放"，这时可以利用轨道拉门灵活区隔区域，遇有聚会或客人较多时，将门扇推至墙角，就能把两区合而为一。

385 根据私密性选择门扇材质

门扇材质可依需求做不同选择，一般常以透光与否作材质上的区分，若希望透光性强，则多以透明玻璃为主；反之需要遮光性强的材质，常使用的有木头、夹纱玻璃、喷纱玻璃、烤漆玻璃等。

386 连动拉门要加齿轮，折门就用地铰链

定点式连动拉门，主要使用配件为吊轮与轨道；第二种连动式拉门，除了吊轮与轨道之外，还加入了互相联结齿条与齿轮。另外，还会再附有地导轮或I形导轮，前者是将导轮固定在地面上，后者则是锁在墙壁或门扇上，均可有效防止推拉门扇时左右晃动。

387 尽早确定连动拉门的固定方式

由于连动拉门的固定方式分为悬吊式与落地式，天花板置入轨道轴心为悬吊式，而天花板与地面皆有轨道轴心则为落地式，因此，最好在装修前就确认要安装活动拉门的方式，施工时可将轨道隐藏于内。若是装修好后才考虑安装活动拉门，可能涉及其他相关拆除工程，施工成本就会提升。

3D图面提供：纬杰设计

388
夹纱茶玻门型塑内玄关

从大门往内看，目光会直接落到客厅，为了保护隐私，在玄关与客厅之间设计了双开可完全收进墙面的推拉门，茶玻夹纱材质能透光，关上不会让玄关全暗，保护隐私也让空间维持弹性。

图片提供：珥本设计

389
旋转门留住光线，让空间有所联结

作为住办合一的设计工作室，必须在小面积中隔出联结又能独立的空间，工作区与兼具会议区及餐厅功能的空间便以旋转门扇为界，关闭时，是公共空间的主墙面，打开时又能让光线透进工作区。

图片提供：甘纳空间设计

390
格栅折门让光影化身住宅装饰

书房以格栅折门与玄关区隔，平常可完全开启，即便关起时也能将日光层层引入，纤细的光影线条洒落地面，带来幽静的独特氛围。光线堆叠导入室内，细节装饰即通过自然的形式表现。

图片提供：水相设计

388

▶ **五金选用。**可全收入墙面的门扇，定制把手方便将手伸入墙面勾出，门扇收起时不露把手又方便开合。

◉ **材质使用。**门扇为茶玻夹纱，可透光又兼顾隐私。一旁的鞋柜贴附镜面，方便出入整装。

【门扇】隔间

389

390

◉ **材质使用。**面对餐厅的转门贴上特殊的法式浮雕线板壁纸，施工方便，另一侧工作区的转门则是磁铁板，可当作工作便签板使用。

◉ **材质使用。**讲究手感触碰在每种材质呈现的不同温度与肌理，也是空间与自然的联结，搭配细节的装饰使艺术形式完整体现。

391

◈ **五金选用。**推门采用上下固定式五金,方便左边门扇打开时作为禅修空间的收纳柜门。

◈ **尺寸建议。**特别以宽幅度的双门扇让独立空间在完全展开时仍与其他空间保持高联结度。

391

直条纹双扇推门,不露痕迹隐藏静谧私人空间

业主有在家打禅休息的习惯,希望有一个安静不被干扰的独立空间,设计师特意将邻近窗户的区域架高,让业主可以在日光充足的空间静心打坐,并以双推联结客厅空间,关闭时也能维持空间整体感。

图片提供:森境&王俊宏室内装修设计

392

木格栅让光与视线自由流动,增添静谧禅意

依照业主生活习惯,将餐厅、厨房适度区隔,运用间隔细密的木格栅,让彼此之间的光线互相投射,营造出若隐若现的空间美感。

图片提供:尚艺室内设计

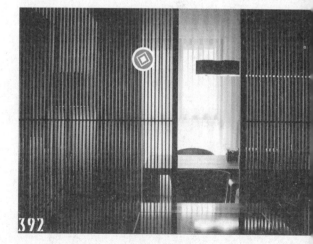

392

◈ **材质使用。**门扇采用木格栅结合灰玻璃,创造具有隐秘性的穿透感,需借由灯光才能感受到彼此空间的存在。

施工细节。吊悬式拉门若联结在木制天花板时，需考虑木制天花板的载重量，以免无法承受拉门重量导致危险发生。

393
视觉穿透维持空间完整性

由于钢琴易受湿度影响，因此琴房需从原本开放式的空间独立出来，为避免实体隔墙让空间变得狭小又有压迫感，以三片连动铝框玻璃拉门取代隔墙，拉门自由收放让空间变得更具弹性，玻璃的穿透效果，则让视觉得以延伸，有效化解实墙带来的封闭感受。
图片提供：六相设计

394+395
瓦楞板折门作隔断，轻巧更好拉

客厅旁的客房，由于平常多半是属于客厅的一部分，因此采用较为弹性的隔断方式，即折门加滑门来实现最大的空间利用率。
图片提供：力口建筑

材质使用。门框为黑铁锈蚀染色加8毫米厚透明瓦楞板门扇且双面贴渐层贴纸，比玻璃更为轻巧。

施工细节。须考虑门扇重量与使用材质的关系，打开时的把手及固定锁也要考虑进去，通常门扇关上时较细心的话也可以考虑如何固定门扇，此案例折门关上时有预留卡榫与衣柜门扇齐平。

尺寸建议。连动式拉门的门扇均有厚度，于书房柜体内预留收纳门扇的空间，才不会影响整体美观与使用。

396

397

材质使用。折门运用半透光的长虹玻璃，少了实墙的压迫感，透过光线的引导，让视线模糊中带些清晰，让使用者能在开合之间，体验开阔又独立的空间感受。

396
连动式拉门，书房也是客厅延伸

客厅和书房之间运用连动式拉门为区隔，平常可完全收起隐藏，让客厅与书房空间连成一体，同时也预留电动卷帘位置，可弹性转换为客房。

图片提供：界阳&大司室内设计

397
玻璃折门让光影创造隔断之美

采用开放式手法的公共空间中，摆放榻榻米的房间与书房之间除了用架高地坪界定外，还加入了弹性隔断元素，使用了长虹玻璃作为折门，能根据使用需求调整使用，兼顾私密与独立性。

图片提供：尚艺室内设计

五金选用。 使用吊轨式五金，并加强天花板的结构支撑力，两道门扇都能顺畅开合。

材质使用。 实木门与格栅门都使用缅甸柚木，走道地坪靠卧房客厅的一侧为木地板，靠餐厅厨房区为石材。

398

398
借由拉门变化空间关系

玄关进入女儿房间的过道，由于采光面在女儿房间，为引入光线并兼顾隐私，设计了两层式拉门，一道为实木门，一道为格栅，并在廊道靠餐厅的墙面开出一道缝，当房门打开或只关格栅门时，光线能透入室内，并展现光影效果。
图片提供：珥本设计

399
悬吊铁件让隔断变轻盈

玄关以一根黄金檀木定位，上方设计了一道铁件天桥，与梁的线条切齐，弱化梁的存在感，同时也是结合走入试鞋间和电器柜的门扇轨道。电器柜的格栅门扇回应空间的东方主题，走入试鞋间则选用白色门扇，开合之间也创造空间的关联或区隔。
图片提供：珥本设计

五金选用。 使用铁件定制的天桥轨道，下方电器柜与试鞋间的门扇运用五金件相连，做出无轨道又稳固的效果。

材质使用。 格栅门为整株缅甸柚木原木切割，内衬黑色透气布让电器散热又不凌乱。

399

[门扇] 隔间

400

◉ **材质使用。**主卧门扇同时也是家中公共空间的端景墙，采用玻璃喷砂手法制造云雾交缠的布景，为空间植入艺术气息。

401

◉ **材质使用。**保有穿透特性并在玻璃折门上装饰东方意象图腾，即使以实体门扇区隔空间区域仍能保有视觉的通透感。

◐ **五金选用。**选用对开式的门扇，让开启折门时展现利落的线条，创造轻盈简洁的空间感。

400
用一扇门为家里植入艺术气息

以双边滑推门为厨房与主卧进行分界，门扇可双双收整于中段墙面，形成半开放的回字形空间，共享采光与通风。门扇运用玻璃喷砂手法达到透光不透影的效果，有如云雾交缠的画面为空间融入创意艺术，让门扇起到分隔空间的作用。

图片提供：成舍设计

401
开放空间以玻璃隔断折门适度阻隔练琴声音

别墅形式的复层空间里，在餐厨房到通往2楼的公共区域规划练琴室，玻璃门的安装能保证光线充足，同时让开放空间具有适度的隔音功能。

图片提供：森境&王俊宏室内装修设计

402
相异材质拼接，保有书房隐私

书房拉门的设计，除了能减少油烟进入，也能随时成为隐蔽的办公区域。半穿透的玻璃材质，能让光线透入，避免书房过于阴暗。

图片提供：大雄设计

◉ **材质使用。**书房的拉门中段刻意使用带有夹层的磨砂玻璃，能适时让书房保持隐秘、不受外界打扰。深色玻璃的使用则能在米色的空间中稳定重心。

◐ **五金选用。**悬吊式的拉门设计，是在天花板处埋入轨道，并利用轨道本身的拉力固定并移动拉门，因此在选择五金时，需使用承重力强的滑轨。

403
门与隔断统一用灰玻放大空间

主卫借由灰玻圈围出卫生间与蒸气淋浴间的范围。以通透材质铺陈能有效放大空间，加上主使用者为夫妻，对隐私开放接受度更高，反而能增加交流情趣。灰玻色泽除了能降低全透的直接，亦可带出走道色系渐层，使立面更具协调感。
图片提供：奇逸设计

404
直纹玻璃折门，光影及隐私兼顾

呼应整体空间的水泥、钢筋及红砖工业风格的氛围，沙发后面的折门，可以将书房和客厅两个空间隔开，增加空间的层次感和变化性。可透光的直纹玻璃，能够达到区隔空间却又不影响采光的效果，同时也能达到保护隐私的目的。
图片提供：好室设计

▶ **五金选用。**隔断边角用 U 形不锈钢收边，强化造型与阻水功效。

◉ **材质使用。**铁件门框采用复古氛围的直纹玻璃折门设计，让光可以通透，又顾及隐私问题，最重要的是直纹玻璃符合工业风的格调。

◢ **尺寸建议。**每一门扇为 45 ~ 50 厘米，并用轨道牵引，让空间看起来更为大气，舒适也易清理。

405

405
偏心门无须轨道，出入更安全

餐厅通往阅览室是利用超大木门搭配清玻作区隔，局部的视觉通透，让小朋友独自在里头家长也能放心。偏心门扇完全打开后可遮蔽右侧通往储藏室的通道，让餐厅与阅览室保持开放互通状态。

图片提供：馥阁设计

406
大片欧松板拉门营造谷仓粗犷感

客厅与主卧采用大拉门扇做活动隔断，采取两扇是因为考虑线条分割较少，若增加门扇数也等同于增加上下轨道厚度，连带影响过大。此外，大型木质门扇容易产生的翘曲问题，用在客厅侧以木条钉出米字形平衡表面张力来做应对，有助于保持拉门平整并且延长使用年限。

图片提供：法兰德设计

🔘 **施工细节。** 为了能随时注意小朋友在书房的动静，大门扇旁采用玻璃隔屏，也能适度引窗户光源进入餐厅。由于孩子常在这里出入，特别选择没有轨道与下栓的门扇，避免孩子跌倒受伤。

▶ **五金选用。** 由于通往书房的门扇宽151厘米、高248厘米，非常厚实沉重，因此特别采偏心门轴作为门扇五金，配合其适合负重、开幅大的特性。

🔘 **材质使用。** 采用大片木料压缩的欧松板，利用不规则的纹理模拟谷仓的粗犷豪迈；最后再上一层透明漆，令触感更细致，也有防水的效果。

▶ **五金选用。** 门扇由于是木料压缩材质，加上宽度有165厘米，重量惊人，需同时装设上、下轨，加上使用相应载重的"重型滑轨"才能确保使用年限与居家安全。

406

407

408

● 尺寸建议。顺应空间轮廓将卧房整合于空间同一侧，精算每个房间的间隔距离，而线板造型能弱化门板间的细微差别。

▶ 五金选用。折门门扇厚度应配合铰链宽度，这样五金与门扇之间咬合才会牢靠，折门才会稳固。

407
古典造型门板巧妙隐藏整体卧房入口线条

原始毛坯房没有任何隔断，在迁就厨房及浴室位置的情况下，设计师将两间卧房、储物间及收纳柜全规划在客厅的右侧，用大面线板造型墙作为隐藏门整合房间线条。

图片提供：森境&王俊宏室内装修设计

408
灵活折门创造空间弹性

选择开合自由的折门，让空间使用具有独立与开放两种选择，材质采用与木地板接近的浅色钢刷梧桐皮，呼应整体空间风格的同时，在折门拉起成为隔墙时，也可借由轻盈木色减低沉重感。

图片提供：六相设计

409
轻盈拉门界定理性与感性

走道区隔的餐厅与书房，形成一个大十字交会区域，书房特别定制整组意大利拉门，作为两个空间的区隔。餐厅用圆桌搭配错落照明吊灯，书房则选用长实木桌与皮椅搭配意大利一字形吊灯，营造理性氛围。

图片提供：珥本设计

【门扇】

隔间

◎ 材质使用。意大利定制茶色玻璃门，尺寸需精准测量，边框为镀钛金属，左右为实心纯铝，上下为金属打折，铁件纤细收边细腻。

▶ 五金选用。两层式轨道，先安装底座，再安装轨道，轨道修饰板也是镀钛材质。

409

410
玻璃拉门虚化隔墙，让空间更开阔

这间以玻璃拉门及文化石打造的温馨书房，蕴藏着诸多精彩的设计手法。钢刷橡木地板延伸至屋外与地砖相接，让空间感受得以延伸衔接，更加强室内动线的流畅感；书房也是主卧室的入口，以酒店二进式主卧为设计概念，空间运用上更具弹性。
图片提供：杰玛设计

411
玻璃门是隔断也是意象表征

木板区以不规则的灯光安排和秋千营造出在森林中漫步嬉游的意境。除了通过地面与露台水平一致，以及将沙发座椅嵌合于地面增强串联感外，滑动的玻璃门扇如同流水穿引，分割着内、外景致，却又可以保留自己风格的独立。
图片提供：大器设计

● **施工细节。** 地面以略带反光质感的石英砖铺陈，辅以铁件框边的清玻拉门，与铺设海岛形地板的书房相区隔，收边时刻意将木地板往外多铺一块，不仅能扩充书房宽敞视野，也让砖地面多了框边效果。

● **尺寸建议。** 单扇玻璃门长宽约 75 厘米 ×80 厘米，除了轻巧便于推拉，亦可借万向五金使门扇 180 度平转收合于墙脚。

● **施工细节。** 刻意加厚沙发背靠为 30 厘米，可充当木板区座椅。

🖱 **尺寸建议。** 用 15 厘米 ×15 厘米的黑白方块交错出镂空拉门，形成宽 100 厘米，高 200 厘米的实木拉门门扇，在空间里形成有趣画面。

◎ **材质使用。** 以深灰色木质门框，搭配黑白烤漆实木设计而成的矩阵门，呈现出门的精致感及层次变化。

412
黑白矩阵棋盘拉门，营造奢华休闲氛围

业主购买此屋想作为休闲度假屋，并招待朋友来此聚会聊天，因此将公共空间放大，并通过拉门设计让空间功能更灵活。利用黑白方块交错出镂空拉门设计，在开合之间营造不同的空间景致，在光影穿透下，更有一番高贵典雅风味，也呼应整体空间设计主题。

图片提供：拾雅客空间设计

413
折门可变为空间隔断

根据业主生活需求，大卧房以一分为二为概念规划，当折门收起来就是一个大卧房，满足夜间照顾小朋友的需求，事先精算好尺度预留走道宽度与独立门扇，则便于未来将折门拉上变成隔断墙，快速隔出一间独立的儿童房。

图片提供：六相设计

414
鹅黄拉门点亮童趣，把书房藏起来

儿童房以"将书房藏起来"为趣味想法，墙面采用三片大拉门做造型，左侧为书房与书柜区，右侧则是衣柜与收纳杂物的地方，中间门扇不能移动，是给另一侧厨房做内嵌备餐台使用。具备收纳与书房功能的同时，当门扇全部合起，空间显得整洁而宽敞。

图片提供：相即设计

【门扇】隔间

🖱 **施工细节。** 折门下轨道的安装不可省略，虽然视觉上地板因为凹槽显得较不美观，但却能确保门扇的稳固，折门推拉时才会顺畅。

🖱 **尺寸建议。** 考虑到小朋友年纪还小，使用空间还不需要过多以免闲置，三个门扇比例为 1：2：1，保留更多给厨房做内嵌备餐台的空间。

415
日式拉门隔绝油烟干扰

年轻业主偏爱沉稳内敛的空间质感，加上母亲也经常下厨，因此餐厨之间以拉门作为区隔，防止油烟散溢，并以木制隔断创造如日式拉门的风格，透过线条捕捉光影的氛围。

图片提供：大湖森林设计

416
跳色红墙是艺术品也是门扇

餐厨间以清玻璃加铁件边框划分界线，阻绝油烟外泄之外，也保留了视觉延展优势。红色门扇除可缓和视线透入到底的直接并活化餐区整体感外；饱和色泽也成为华美艺术端景，推移之间不仅使墙面形态灵活变换也创造出空间亮点。

图片提供：大器联合建筑暨室内设计事务所

◎ 施工细节。悬吊式拉门的固定方式，是在装修之前将轨道隐藏在天花板内，比起落地式拉门会更美观。

◎ 施工细节。门扇宽幅达 2.5 米，因此须在天花上先预埋钢槽并采用斜撑工法，方能提供稳定支撑。

417

417
封闭、开放皆宜的空间

在隔断全部变更的情况下，拆除客厅和厨房的隔墙改为玻璃拉门。穿透的拉门不仅能拓展深度，也让光线和视觉在空间中流动；可随时调度的拉门设计，展现或密闭或开放的空间。

图片提供：十一日晴空间设计

418
左右位移拉门、隔断瞬间变动

厨房旁即为书房，紧邻的两个空间皆需要一道门赋予遮蔽性质，于是设计者试图运用拉门来取代，只要透过左右位移方式，门不只可以相互共用，门与隔断墙的定义也能在移动过程中被重新诠释。

图片提供：丰聚室内装修设计

🔩 **五金选用。** 拉门采取上吊式的轨道，只有上方支撑拉门重量的情况下，需选择重型滑轨，支撑力才足够，否则会有脱落的危险。

✂ **尺寸建议。** 拉门沿梁设计，有效利用梁下空间。右侧为固定的玻璃隔断，左侧则以一扇150厘米宽的拉门左右移动。

◈ **材质使用。** 拉门采用玻璃搭配玻璃贴纸的方式，同时拥有玻璃的穿透与透光性外，也能适时给予遮蔽作用。

✖ **施工细节。** 铁件线条的分割特意拉高，使主人在厨房或书房操作时，能够随时注意小孩在客厅的各种状况。

418

419

◈ **材质使用。** 以黑铁作为门扇框架，结合耐脏、独具质感的茶玻材质，形成具有通透延伸感的隔屏门扇。

◈ **施工细节。** 隔屏门扇的切割线将位置压低，与窗外绿景形成无阻碍的水平视线，让视觉可无尽延伸，产生通透感。

419
门扇界定空间，节约电能

以门扇做出书房、餐厅与客厅之间的隔屏，同时采用通透的门扇材质，让领域之间彼此独立保有各自功能，但也能维持视觉的延伸感，并运用门扇注入冷气具有节约电能的作用。

图片提供：近境制作

420
大干木拉门呼应自然绿意，延伸空间感

作为度假居所的住宅，毗邻公园绿地，主卧房运用拉门区隔，可获得开阔的视野延伸，门扇选用纹理鲜明的大干木皮，将户外自然元素带入室内，彼此有所联结。

图片提供：怀特室内设计

420

➤ **五金选用。** 大拉门下方必须加上固定配件，让悬吊拉门减少晃动。

○ **施工细节。**连动拉门由几片门扇构成，由于门扇厚 2.5 ~ 3 厘米，因此门扇控制在 4 片，当统一收起时，就不会占用其他空间。

◉ **材质使用。**门扇材质以玻璃为主，除了制造出穿透感、增加透光性外，也让门扇倍感轻盈。

421

421
联动形式把门、墙轻松收于无形

客厅与起居室之间距离较近，便以联动式拉门来当作门与隔断，此形式兼具开放空间与隔断的双重功能，而玻璃拉门在视觉上具穿透性，还有放大空间作用。同时只要轻轻一拉，就能透过滑轨将门同时收起，创造出一个干净、宽敞的大空间。

图片提供: 大晴设计

422
可移动门扇，为书的收纳带来不同变化

开架设定的展示书柜，背面其实是主卧的衣柜，而透过层板及线条设计，让柜体产生高低错落的轻盈律动，搭配 LED 间接照明让收纳展现另一种品味。而左侧的门扇可随时移动，使书柜产生不同样貌。

图片提供: 子境空间设计

○ **尺寸建议。**长约 4.5 米，深约 40 厘米的书柜，透过移动的白色门扇营造出趣味感及变化。

○ **施工细节。**由于实木门扇较重，因此采取上下轨道设计，让门扇移动时更为顺畅。

422

▶ **五金选用。** 由于铁件拉门较重，特别选择进口双向缓冲滑轨，让女主人使用更省力，未来孩子使用也更安全。

423

灰玻铁件拉门 + 固定门扇，既开放又能阻挡油烟

男主人追求开阔的生活空间，女主人又担心开放厨房的油烟问题，设计师结合两人的想法，以一道固定门扇搭配两侧滑门，平常滑门开启，创造出环绕宽敞的动线，下厨时关闭，也能阻挡油烟。
图片提供：怀特室内设计

424

变化墙与门，界定餐厅和书房

透过透明折叠门来区隔书房与餐厅区域，关起来是一面隔断墙，但同时也身兼门的作用，透过弹性方式与具通透感的玻璃材质，产生空间延伸感，也保证两者的独立性，同时可让家人随时保有情感联结。
图片提供：近境制作

425

中西合"壁"，门与墙完美契合

将门扇与墙面相结合，形成具有空间弹性的寝居区域，兼具隐私性与半开放性，关起门，即形成与外隔绝的完整立面，并保有通透感，透过中式古典气息的门扇设计，搭配墙面的质感壁纸，形成中西交融的美感。
图片提供：鼎睿设计

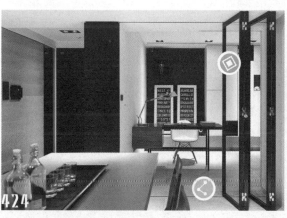

◉ **材质使用。** 采用无气密的透明强化玻璃作为门扇材质，耐撞击度较高，在界定区域的同时，也符合了居家的安全要求。

◉ **施工细节。** 采用符合居家尺寸的四扇折叠门片，采用上下轨道方式安装而成，全开放时可收拢于墙边，不占过多的居家空间。

◉ **材质使用。** 门扇以多种特殊玻璃制成，透光性佳且可增添空间艺术感，墙面则以精致工法制成，选配深色石材作为踢脚线。

▶ **五金选用。** 门扇以地铰链方式安装，运用精细的铁件工法，选用镀钛材质门扇框，色彩饱和且容易保养。

426
门扇轻轻一滑，隔出不同空间

长方形的空间之中，起居室与客厅需要有保有独立与隐私的效果，于是在两者之间加入了一道拉门，在滑动、拉动之间创造出不同的空间感。

图片提供：大晴设计

⊘ **施工细节。**拉门轨道配置在上方，形成悬吊形式，可避免将滑轨配置于地面时，破坏地坪的完整性。

◉ **材质使用。**门扇以木材质为主，以夹板贴木皮方式处理，让整体重量不会过重，不会影响天花板的承载力。

427
全开放多功能书房好开阔

将全室格局拆除重新予以规划，取消餐厅旁的卧房，利用可完全收合的拉门打造多功能书房，拉门打开后，厅区格外宽敞，阳台特意内退与地面的无落差设计，也有延伸视觉的效果。

图片提供：纬杰设计

➤ **五金选用。**除了吊轮与轨道之外，主要使用配件还加入了互相联结齿条与齿轮，拉第1片门即会同时启动连动配件，并拉动第2片门，即两片门是同时运作。

427

● **材质使用。** 为让空间显得明亮，在拉门材质上以透明玻璃为主，除了有效引进光线外，也与其中的实体达成了视觉上的平衡。

◁ **施工细节。** 由于拉门的片数较多，所以收放之处与电视墙做整合，门扇可收于其中也不会占去太多空间。

429

● **材质使用。** 为达到遮蔽效果，设计师在拉窗玻璃内夹布，做成透影不透明的效果，选用与客厅窗帘同款布料，也令住宅视觉上更加一致。

▶ **五金选用。** 吧台上的拉窗是走上轨道的设计，因为如果走下轨不仅沟槽明显、不美观，也容易积灰尘，造成清洁上的困扰。

428
四方盒子里的透明拉门兼隔墙

这个位于客厅旁的起居室，希望能保持一定的开阔性，同时又保有独立性，于是空间以半开放式为主，辅以透明拉门作为隔断墙的一种，与实体墙作衔接，让四方盒子变得轻盈且充满明亮感。

图片提供：丰聚室内装修设计

429
拉窗开合区隔客厅、书房

女主人希望在家中有个开放式的空间，具备客房、书房、吧台等多种功能，加上全家都很能买东西，收纳空间更是不可少！因此设计师将书房规划成半窗设计，全拉开后便成为与客厅开放联结的空间，还有半腰矮柜可以充当茶几，兼具收纳功能，达到一个空间满足多种需求的绝佳效果。

图片提供：亚维空间设计坊

430

拉门当隔断，空间功能都升级

在面积有限情况下，实墙作为隔断虽容易显得局促，但设计师将拉门作为隔断元素，以清玻璃作为拉门材质，增加了通透感，随拉门开合，空间与功能都得到升级。

图片提供：漫舞空间设计

431

黑玻折叠门可全开也能完全隐藏

厨房和书房的区隔，被铁件加黑玻构成的折叠门取代，可横跨两个区域的折叠门将随着居住者的需求作变化，将折叠门推往厨房可适时遮挡烹饪带来的油烟与凌乱感，若往书房方向推，再借由电动卷帘降下，随即形成极具隐私的客房，若两面折叠门全部往白墙后的柜子内收齐，餐厨、书房的空间自然产生延伸宽阔感。

图片提供：宽月空间创意

◉ **材质使用。**为消除空间的不方正感，以清玻璃作为拉门材质，引入光线也有放大作用。

⚲ **五金选用。**折叠门扇为两片一组，二组门扇之间有吸铁能相互带动，而下轨道的门扇也有固定接点，防止晃动。

⬤ **施工细节。**厨房、书房的跨距长达 480 厘米，为避免天花板潮湿变形影响拉门轨道的顺畅度，天花板采用加厚木芯板整片当龙骨，将变形概率降至最低。

431

▶ **五金选用。** 上下滑轨。

◉ **材质使用。** 铁件喷漆、玻璃贴膜。

◉ **材质使用。** 以灰色玻璃为素材，达到空间通透和隔音效果。双折门的形式可随时收整于两侧墙面，形成完全开阔的区域。

432
活动门扇创造空间变化

书房采用弹性隔断，推拉门扇分为上下两部分，可视需求全部敞开成为全开放式，或是部分敞开调整和客厅、餐厅之间的关系，透光材质能定义空间但不会阻断光线。

图片提供: CJ Studio

433
玻璃折门 + 隔断，兼顾穿透与隔音

位于地下室的多功能室，平时是客房，当家族聚会时则变成小孩的游戏区，考虑大人关注的方便度，隔断设计以灰色玻璃为素材，具有通透与隔音效果，双开折门的设计具有收合的便利性，同时也增加空间运用的弹性。

图片提供: 成舍设计

434
巧妙设计藏身的隐形门

藏于墙体的门扇模糊空间的分界，通过不均等的垂直分割线，隐藏住门缝，略为起伏凹凸的面板堆叠，让滑推门板获得掩护，通过精心设计，主卧的入口仿佛哈利波特中的九又四分之三月台，神秘又富有趣味。

图片提供：成舍设计

435+436
灰玻拉门调整空间区域

由于面积小的关系，再加上只有两人居住，利用开放式餐厨节省空间，并设计连动式拉门呈现或开展或封闭的空间区域，在烹饪时能随时有效阻隔油烟逸散。刻意在客厅与开放式餐厨的墙面上，以亮丽的芥黄色圈定空间，这同时也是界定区域的手法。

图片提供：Z轴空间设计

◎ **材质使用。**统一的木皮门扇与隔断墙融合在一起，空间有延续放大感。

◎ **材质使用。**拉门选择灰玻铺面，并以铁件为框，呈现十足的现代感。通透的材质，让光线得以透入厨房，整体空间更显明亮。

▶ **五金选用。**选择连动式的五金，在开启、关闭时都不费力，同时在深度不足的空间中，连动拉门的设计能有效解决门扇收纳的问题。

437

438

GHOST

🔧 **施工细节。** 由于五金配件隐藏在门扇内，门扇的厚度会比一般拉门宽，做法上可顶到天花板，或是直接外挂使用。

439

🔧 **材质使用。** 门扇上贴了带花卉图腾的壁纸，刚好与整体风格相呼应，也增添了不一样的视觉美感。

▶ **五金选用。** 门扇使用的是旋转五金，通过十字螺丝固定住，除了能轻松推动外，日后更换也很容易。

437+438
看不见五金的滑门系统

滑动系统是专门为了拉门而设计，不论门扇是开启或关闭，完全不会见到任何五金配件，特色是将其隐藏在门扇内，目前有固定在墙面的壁挂式和固定在地面的落地式。

图片提供：纪氏有限公司

439
门、墙做到合而为一

客厅后方的空间需要有一道门衔接，于是设计者将门与墙合而为一，中间铺上文化石，两侧一边是门，另一边是装饰，当门关起来时，可作为漂亮的沙发背墙，但门打开时则可作为通往空间的通道。

图片提供：漫舞空间设计

440

● **尺寸建议。**门扇厚度经过 3D 图面测试，在 45 度视角之下，视线无法穿透入内。

440
现代化窗花门扇具有遮挡私密性

客厅后方通往大露台，然而与邻栋大楼距离近，因此设计师在原有落地窗前面再增设一道中式窗花门扇，同时兼具厅区装饰背景的效果。

图片提供：宽月空间创意

441
延伸墙面尺度拉阔空间

利用拉门将通往私人空间的通道适度隐藏，也明确地与公共空间区隔开来，而与沙发背墙位于同一立面的拉门，材质采用梧桐木，一方面利用相同材质延展墙面尺度，进而有拉阔空间的效果；另一方面也让门扇融于墙面，借此简化空间线条，达到利落、清爽的效果。

图片提供：绝享设计

● **材质使用。**选用浅色系木素材，增加自然感受的同时也能增添空间温度。

442
是隔断也是书架门扇

小空间讲求多功能设计，更讲求化零为整的规划，因此除借由架高木地板界定书房外，木质拉门还可以充当书墙的门扇，也可以转角 90 度成为书房与主卧的隔断墙，一物多用。

图片提供：尤哒唯建筑师事务所

443
石片拉门成为厨房和客厅的屏障

以黑白配色概念出发的设计，全室以净白的色系铺底，厨房拉门以黑色石片铺陈，展现强烈对比。客厅开合的设计，巧妙避开厨房与书房门扇互相干扰的困境，同时拉门也可作为屏蔽客厅的隔墙，适时遮挡入门视线。

图片提供：Z轴空间设计

◎ **材质使用。**为保证空间整体性，门扇用集成木营造空间的层次感，也缓和了门扇的沉重感。

✏ **尺寸建议。**要使门扇可以转 90 度，五金采用万用轨道及卡榫，并将门扇切割成两片方便使用。

443

◎ **材质使用。**为木制门扇上贴覆黑色的薄片石材，比一般石材轻得多，能够在减轻拉门重量的同时，保有石材本身的素材原貌。

▶ **五金选用。**悬吊式拉门的设计，仅在天花板加上重型轨道，需依照门扇重量选择适合的五金。地面无轨道的做法，使地面保持无分割的视觉效果。

442

6

门扇

门 + 隔断

门 + 电视墙

444 利用门的厚度 预留线路

结合拉门的电视墙，影音线路就藏在门板里，
并运用滑轨五金固定于墙面，就能让电视左右
平移。

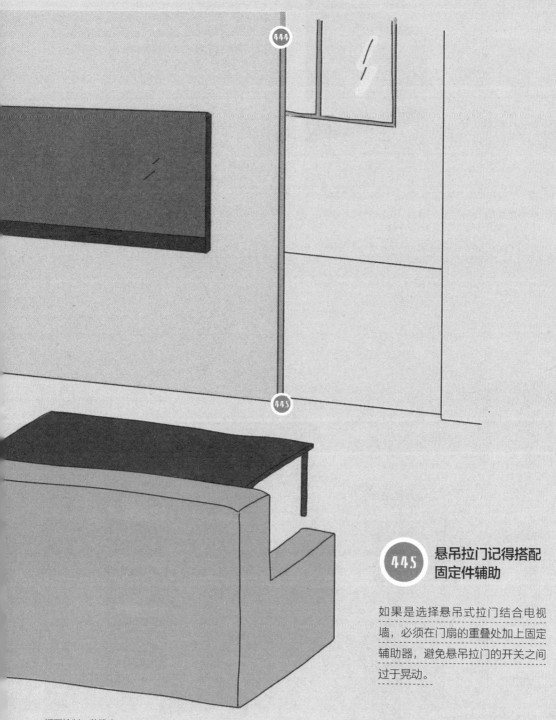

445 悬吊拉门记得搭配 固定件辅助

如果是选择悬吊式拉门结合电视墙，必须在门扇的重叠处加上固定辅助器，避免悬吊拉门的开关之间过于晃动。

插画绘制：黄雅方

446

门扇修饰斜角也可化身电视墙

由于空间有许多斜角，设计者利用这些歪斜墙面整合储物空间做修饰，醒目的门扇成为视觉焦点，也消除了斜角墙在空间中的突兀感。在嵌入的门扇中植入电视成为电视墙，门扇让整体更具一致性，同时也帮电视找到了合适的家。

图片提供：大晴设计

447

拉门整合电视墙，衣柜放得更多

以往多半会将电视放置在衣柜内，但缺点是衣柜的容量变小了，现在将衣柜门扇结合电视墙，既保有原有的收纳空间，又能获得影音娱乐功能，一举两得。

图片提供：大晴设计

◎ **材质使用。**柜体门扇以榆木皮为主，特殊色泽与纹理，平衡了整体风格也给空间营造出温润感。

◎ **施工细节。**电视墙部分采用可移动设计，轻轻拉开，无论坐在房间哪个角度，都能观赏到电视节目。

◉ **五金选用。**悬吊拉门需要在门扇重叠处根据门的厚度打∏字形凹槽，加上固定辅助器，就能减轻悬吊拉门的晃动程度。

447

▶ **五金选用。**电视墙搭配可旋转轴承，加强客厅、餐厨空间的观赏性。

448

◉ **材质使用。**门板以钢刷木材及深黑铁件打造而成，木质纹理凭借人字斜纹拼贴与柜体线条的宽窄配合，让空间在一致性之中，又富有低调而丰富的纹理变化感。

▶ **五金选用。**电视结合滑轨五金固定于墙面再依附柜门上下缘加强稳定，使电视能够左右平移，而不影响柜子门扇开关。

448
结合拉门的电视墙

电视墙结合拉门设计，如有重要访客时可将空间区隔开来，也可将客厅化为完整的娱乐室，平时则可打开保持穿透空间感，并且将电视墙设计为可旋转式，客厅餐厅皆可使用。
图片提供：力口建筑

449
单一墙面整合多面向功能需求

只有 26 平方米的小空间，设计师让杂物的收纳空间与视听设备管线完全隐身于木质门扇之后，里面整合了衣柜、小冰箱、水槽、专业影音设备等，搭配可移动式电视架提高柜体的使用灵活度。
图片提供：森境&王俊宏室内装修设计

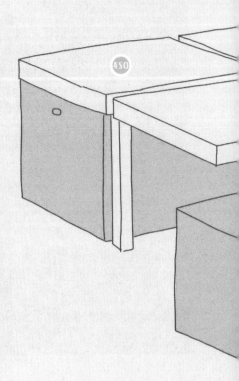

7
家具

家具+收纳

家具+沙发
家具+桌

450 **好清洁材质**
更实用

不论是中岛台面或是定制桌几等，桌面材质建议选择
人造石、白色烤漆或是实木皮材质，长时间使用下来
也比较好清洁维护，如果家具尺寸大，又想达到无接
缝感，可选用人造石。

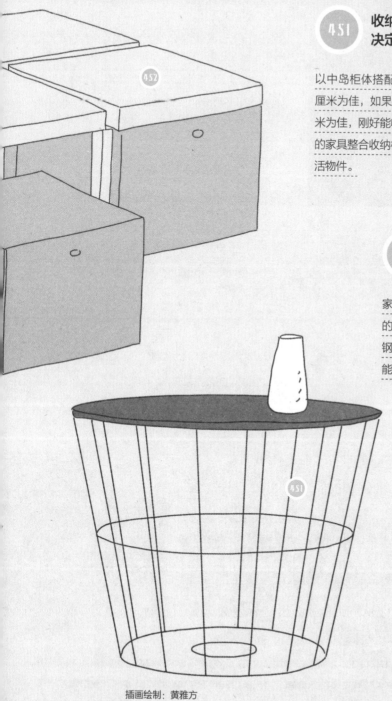

451 收纳造型
决定物品摆放方式

以中岛柜体搭配抽拉层板来说，长度60～70
厘米为佳，如果是茶几下的收纳柜，高度40厘
米为佳，刚好能收纳杂志、书籍，假如是非方正
的家具整合收纳柜，则可收纳如海报、画纸等生
活物件。

452 挑选喜欢的材质

家具材质越来越多元，除了常见
的木质材质之外，还有茶镜材质、
钢烤材质等，可依空间风格、性
能来决定选用何种材质。

插画绘制：黄雅方

453

侧抽好收纳，书桌变化妆台

在区隔空间的矮墙结合柜体与桌板后，书桌兼化妆台的专属家具便诞生了！侧边规划为侧抽形式，可将化妆品整齐收纳，让使用者一目了然。拉出侧抽、书桌马上变身化妆桌，女主人可视需求弹性调整功能。

图片提供：明楼设计

454

中岛矮柜是平放收纳好帮手

设计师的书房、办公空间中，需要收纳物品可区分为：大量参考书籍、文献，以及建材样品目录。前者依照大小规划一整道墙面的开放式书架，后者因为大小不一，又需要常常摊开来对照使用，就在空间中增设大中岛，以拉抽层板方式收整。

图片提供：相即设计

▶ **五金选用**。侧抽滑轨使用进口五金，只要轻轻一推，抽屉便能自动收回，不用担心推得太用力会发出恼人的噪声。

✓ **尺寸建议**。两层侧抽厚度各为 22.5 厘米，深度则与衣柜厚度相同为 60 厘米。木制贴皮为浮雕白桦，营造轻盈淡雅的氛围。

✓ **尺寸建议**。大中岛柜体长度为 4 米，拉抽层板长度设定为 60 ～ 70 厘米，深 50 ～ 60 厘米，可平放收纳大部分的样品、目录，一拉就能一目了然。

◎ **材质使用**。中岛收纳柜台面采用白色人造石，取其无接缝、好清洁特性，上面还特别放置 9 毫米厚度黑色橡胶做工作切割板，内嵌方式令整体视觉更加平整一致。

455

◆ **尺寸建议。**同时作为工作桌及沙发背墙，除了考虑到书桌的高度（约75厘米）也考虑到美感的呈现，刻意拉高沙发背墙高度，使整体更为稳定、和谐。

456

◎ **材质使用。**咖啡桌为实木材质，温润又耐用，有自然、烟灰、仿古、咖啡4种颜色可挑选。

455
巧思打造工作书桌，延伸转折创造出边桌及书报收纳空间

客厅空间融合工作区，借由书桌界定不同区域并将其作为沙发背墙，且巧妙地将工作区桌面转折延伸，不仅成为客厅沙发旁的边桌，下方也可以收纳常看的书报杂志。

图片提供：森境&王俊宏室内装修设计

456
桌下多功能，可配椅凳或收纳箱

实木咖啡桌以镂空脚架搭配方形桌面，以利落的线条建构出具有摩登感的形体，穿透的视觉同时减轻空间的负担，脚架旁也可选择搭配椅凳或皮革收纳箱，让咖啡桌更添实用性。

图片提供：loft29 collection

◎ **材质使用。** 桌面采用触感分明的橡木钢刷木皮，以诠释卧房自然温暖的氛围。

◎ **施工细节。** 木工定制床座的床沿处特别做内缩设计，以降低床座的笨重与压迫感。

457+458
复合式梳妆台隐藏式功能设计，使卧室简洁有条理

设计师为主卧量身定制复合式家具，界于寝区与更衣区之间，将照镜子、收纳等梳妆台功能隐藏在平滑桌面下，平常只要拉开就能轻松使用；面向睡床的一侧也规划了实用的开放式收纳层架。

图片提供：尚艺室内设计

459
床座可收纳杂物和寝具

当卧房空间不大，硬生生塞下一张床架后，一定得舍弃衣柜和其他收纳空间吗？现在有更好的解决方式，通过木制定做将床座与床头柜整合，不浪费每一寸空间，床座底下还隐藏收纳抽屉，床头柜则是采用上掀门板，可收纳棉被、枕头。

图片提供：甘纳空间设计

460
一张桌子抵三件家具

房子再小，该有的功能还是不能少，睡寝区依据空间量身定制梳妆台与收纳边几，取代两件家具，甚至梳妆椅下也具备储物功能。

图片提供：界阳&大司室内设计

◎ **材质使用。**定制家具采用白色烤漆处理，对小空间来说清爽不压迫，平常也好清洁。

460

◎ **材质使用。**通过用六根黑铁为支架、木素材为台面，相互结合成两座展示台面，在稳重色调的映衬下，彰显自然光的舒适明亮。

◎ **材质使用。**实木木箱，搭配银箔漆面，再运用深咖啡色走边并加上手工铆钉设计，呈现浓浓工业风。

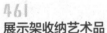

461

展示架收纳艺术品

天花板悬吊开放式展示架，可供摆置艺术品，并利用高低落差的平台组合设计，勾勒出量体线条层次，同时也糅合居家端景效果，将户外阳台的美景绿意引入室内，并让自然采光可穿透入室，串联餐厅与阳台，形成美好意象。

图片提供：近境制作

462

复古行李箱改的茶几边桌

为呼应整个空间的工业及复古风格，沙发前面的茶几以及边桌用复古行李箱改造而成，里面还可以用于收纳，而银箔色的表面及铆钉设计，和黑色仿古沙发搭配起来，让整个空间具有浓浓工业风！

图片提供：好室设计

463
活动式水泥书桌，可收可放

运用水泥粉光设计的活动式书桌，不用时可以嵌入书房的钢筋铁架里，把空间留出来活动，需要用时，可以推出来移动到书房想要阅读的地方，如窗边或沙发背墙等，功能可视需求而定。

图片提供：好室设计

464
铁架收纳赋予灯光照明

工业风格住宅的顶楼工作室，工作桌上方的照明，更是整合了收纳功能，方便业主放置常用的皮件工具，以铁件为主要结构的概念，回应整体居家氛围。

图片提供：纬杰设计

463

◎ **材质使用。** 透过水泥粉光及轮子建构，可以活动，因为必须嵌入钢筋铁架中，所以所有尺寸都经由计算而成。

◢ **尺寸建议。** 书桌的尺寸为高75厘米、宽60厘米、长约120厘米，没有任何收纳抽屉，目的是让水泥桌面呈现纯粹的线条感。

◎ **施工细节。** 悬吊铁架结构与上端钢构结合，增加整体的稳固性。

464

465 轻巧茶几能把物品收纳整齐

以系统家具制成的轻巧茶几，看似简单，但仔细往里看是做了双层的收纳，有开放式也有抽屉形式，可以按需求喜好摆放客厅相关物品，同时也能把生活用品收得整齐又漂亮，维持整体环境的干净。

图片提供：漫舞空间设计

◎ **材质使用。** 茶几主要是由系统家具制成，板材、木皮除了符合标准，在维护上也相当容易。

◀ **施工细节。** 抽屉门扇特别做了内凹设计，除了作为开关把手，也有助于让家具维持简洁的美丽。

466

467

🖉 **尺寸建议。** 床头柜抽屉宽皆为 58 厘米，深 60 厘米，能够容纳书本等小物，下方为门扇收纳区，高度为 30 厘米，可以放置瓶瓶罐罐或薄被、睡衣。

🔘 **材质使用。** 大面积床区搭配活动床垫，可视情况将床垫收起来，就成为现成的平台。台面采用超耐磨木地板，耐磨耐脏，无须担心刮伤或泼水造成的短暂潮湿。

🖉 **尺寸建议。** 架高木地板高度，一般适宜高度为 20 ～ 30 厘米，本案考虑下方需做收纳，因此架高 27 厘米争取有最多收纳空间。

468

466+467
架高床架暗藏多收纳

木地板架高作为大床架区，同时下方暗藏抽屉收纳，与窗台边台面小柜构成 L 形的收纳柜，如同一般的床头柜概念，只是功能分割更加仔细，让小物品都有专属的容身之处。台面再延伸过去便成为房中的专属书桌。
图片提供：明楼设计

468
向下延伸收纳空间

将原本属于阳台的空间，规划为业主夫妇需要的书房，地板架高约 27 厘米，除了与客厅做出区隔外，也美化原始落地门留下的门槛，至于架高地板的下方也不浪费，顺势规划为收纳空间，靠近电视墙为抽屉式设计，不方便抽拉的位置，则改为上掀式；材质选用木纹美耐板，不只好清洁，也营造出较为放松的治愈氛围。
图片提供：绝享设计

7
家具

家具＋收纳

家具＋沙发

家具＋桌

410

469 沙发＋茶几，
买一件就够用

小空间摆不下太多家具，大空间又想要简单利
落，这种一件两用家具最实在，将边桌与沙发
作结合，无须起身就能拿取、摆放物品。

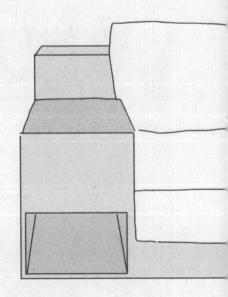

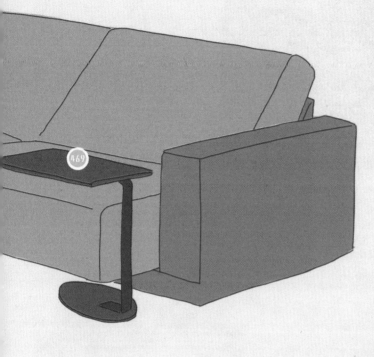

470 电动或手控调节，沙发可以变成躺椅或床

多功能沙发通常分为两种，一种是通过手动调整椅背、脚凳的幅度，另一种是通过电动机的装置，遥控就能转换功能，两者皆有优缺点。

471 加宽沙发侧边创造茶几、收纳

定制款沙发的好处是可以根据空间大小决定尺寸规格，甚至能将收纳功能一起考虑进去，比如说利用椅座或是扶手侧边加入抽屉、开放式边几，如此一来就能满足功能需要并制造出空间感。

472 注意沙发体积对空间的影响

厚实的沙发会占据较庞大的空间，小面积空间建议选用尺度较小或复合式功能沙发，也能因客人来访或其他状况做灵活调整。

插画绘制：黄雅方

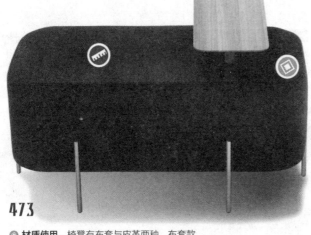

473

◉ **材质使用。** 椅凳有布套与皮革两种，布套款式、颜色也十分多样，搭配纤细的金属脚座，质感更佳。

✍ **尺寸建议。** 椅凳宽度为 93 厘米，可取代一般双人座沙发，深度 48 厘米，也很适合小空间使用。

◉ **材质使用。** 以加大型的拉链取代传统车缝线，依照布料与拉链颜色相互衬托出更加立体的外形。

473

长凳结合边桌，一张就够用

右图中的椅凳以清新简约的线条迎接到来的访客，方块形的椅座面侧边以圆弧形收边，亲切可爱的造型相当讨喜，结合固定式边桌的设计，增加使用功能。

图片提供：loft29 collection

474

利用遥控，沙发成躺椅

融合个性外形与舒适感是右图中系列沙发的设计重点，其中电动可调式沙发款式，内设电动机，左右两侧沙发可遥控调整椅背与椅座角度，开启时椅座会往前延伸，同时带动椅背倾斜达到躺卧的效果。

图片提供：loft29 collection

474

475 一体成型沙发与边几、电视柜

极小的房子又必须满足所有的功能，家具建议采用定制设计，以这个案例来说，沙发不仅具备边几和收纳功能，也可代替电视柜，只要一个家具就能具有丰富的使用功能。

图片提供：界阳&大司室内设计

🔵 **尺寸建议**。沙发边角特别采用不规则斜切概念，除了让空间更有层次感之外，也带来圆滑的舒适感。

7

家具

家具+收纳

家具+沙发

家具+桌

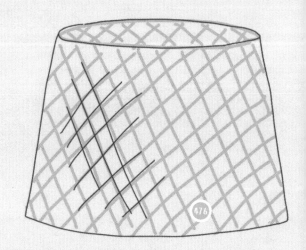

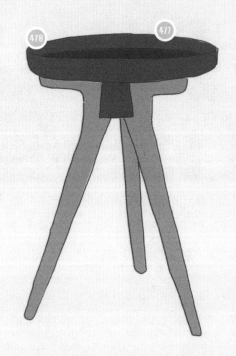

476 塑料材质，轻盈好搬动

多功能家具希望能同时使用在多空间的话，在现成家具的挑选上，材质轻盈与否是一大关键，最好是塑料或是其他聚酯纤维等，在移动上才会比较轻便，而且塑料也能适用在户外空间。

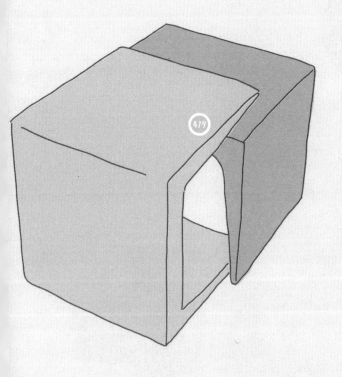

477 家具整合，要掌握好高度

为达到宽敞无拘束的空间感，不妨将家具做整合，但是要注意彼此之间的尺寸高度，比如餐桌和书桌都是坐着使用，高度可以一致，但是如果梳妆台延伸变成浴室台面的话，浴室台面应该稍微高一点，站着使用较舒适。

478 依照收纳需求挑选

空间小可以选择套几，不用时可重叠收纳，仅占一个桌面位置，如果有收纳报纸、遥控器的需求，建议选择有收纳空间的，有些桌几下方还设计有抽屉柜，方便收纳。

479 选择适当的尺寸

一般以人坐沙发中，茶几高不过膝最为理想。摆放在沙发前的茶几，与沙发之间至少要有30～40厘米的距离，才不会因距离太近感到不便。

480

480+481
椅凳翻转变圆桌，拆解变托盘

这是多功能的移动家具，只要靠一个翻转的动作，就可以是小茶几、椅凳和托盘。将圆盘反过来，就是置放小物的圆桌，有客人来访，再翻转，就变成小凳子，若朋友享受下午茶，它也可以是桌上的小托盘。

图片提供：loft29 collection

◎ **材质使用。**黑色圆盘（托盘）部分为塑料材质，移动非常方便。

482

◎ **材质使用。**餐桌以木作为整个家具主体，桌脚则以烤漆铁件打造具有东方意象的图案，传递现代优雅的新东方风格。

◀ **施工细节。**桌面底端养花池需先预制泥制部分再与木制部分搭配。

● **尺寸建议。**外侧当作梳妆台使用，台面上缘高度设定为75 厘米；另一侧考虑平台高度后，采用桌上型脸盆形式，75 厘米再加上约 20 厘米的厚度，盥洗使用轻松许多。

482
迎光亲水，营造自然惬意的用餐氛围

设计师希望营造情境式的用餐空间，不仅将餐厅规划在光线充足的邻窗位置，并打造具有装饰性的餐桌，在桌面底端设计一个养花池，能栽植莲花等水生植物，为空间增添话题性。
图片提供：森境&王俊宏室内装修设计

483
台面延伸，梳妆台也是洗手台面

盥洗空间以玻璃拉门分割为梳妆与浴室两个功能区块，全室铺贴相同瓷砖，搭配明镜与大理石台面贯穿两侧，视觉穿透之余，达到互享空间的效果，有拉阔整体卫浴尺度效果。离洗手台近，却能干湿分离，在梳妆使用上也更加便利。
图片提供：相即设计

483

484

485

484+485
∏字形边几，是椅凳也是边桌

简约的∏字外形赋予它多样的使用功能，可以是茶几，也可以是椅凳，放置在床边或沙发边可当成边桌。

图片提供：loft29 collection

◉ **材质使用。**
采用防水塑料材质，不仅耐用好清洗，也可以在户外使用。

486
复合式空间设计，餐厅也可以是功能充足的工作空间

业主希望有独立工作区，便顺着餐桌方向规划业主工作位置，隔板设计兼具独立及隐私性，与餐桌搭配使整个餐厅兼具书房功能，成为讨论聚会的最佳场所。

图片提供：森境&王俊宏室内装修设计

◉ **施工细节。** 书桌后方收纳柜兼具收整电器的功能，创造出复合式的使用空间。

◉ **材质使用。** 简约空间搭配大气质感的大理石桌面，并以铁件为柜架，呈现出精致利落的现代风格。

[桌]

家具

486

487

487+488

是边几、椅凳，更是实用灯具

户外椅凳同时可当成边几，灵感源自花园中观赏植物的修剪技术，设计师运用经典的金属网架，创作出一系列具有现代摩登感的户外家具。

图片提供：loft29 collection

488

◎ **材质使用。**椅座面特别设计了太阳能板，夜晚时自动点亮椅座面的 5 盏 LED 灯，既实用又环保节能。

489

5.2 米餐桌也是工作桌

66 平方米的小房子，为实现宽敞无拘束的空间感，设计师将书桌与餐桌结合，长达 5.2 米的桌子内侧作为书桌，桌底下配置抽屉，最外侧则是作餐桌使用，若招待朋友也可容纳数人。

图片提供：甘纳空间设计

🟢 **尺寸建议。**座椅深度有将近一张单人床的宽度，不仅仅是餐椅，也可以当作卧榻使用。

490

491

尺寸建议。沿着柱体的 50 ~ 60 厘米宽度依着窗边设计 70 厘米高的书桌至 25 厘米高的床头边几，再加上 40 ~ 45 厘米高的床垫，形成有趣又安全的儿童游玩天地。

材质使用。以全木作设计实木贴皮书桌与白色床头边几，并在下方做收纳设计，满足孩子收纳玩具的需求。

五金选用。由于希望做出家具式的设计，在床架下方利用三节式的滑轨五金，加装抽屉，方便抽拉收纳。抽屉则依照五金的尺寸制作，深度约 80 厘米。

490
书桌与床头边几一体成型，营造儿童游玩天地

这是一间儿童房，当初设定书桌与床头边几一体成型，当床垫加入时，正好在室内形成高高低低的块状岛屿跳板，让孩子在房间跳上跳下，形成有趣的活动天地。书桌与床头边几的斜坡还可以充当孩子的滑梯。

图片提供：子境空间设计

491
床架、边几、书桌一体成型，巧用空间

房子面积不大，又需在空间中置入基本的床架、边几和书桌功能。因此将床架架高，下方做出抽屉抽拉，增加收纳空间；沿床拉伸出边几使用，可随手置放书籍或以灯具辅助照明；再从边几弯折拉高，以黑色木皮区分出书桌的领域。一体成型的设计，空间一点都不浪费。

图片提供：大雄设计

492
悬浮床座整合卧榻、边几

卧房床架非现成品，而是特别定制的。床头边几延伸成为床座一路到窗边座椅，并采用纯白色调与悬浮设计，创造轻盈无压的休憩氛围。

图片提供：界阳&大司室内设计

施工细节。木制烤漆一体成型家具特别导弧角修饰，化解锐利感。

492

◈ **材质使用。** 书桌桌面材质为大理石，石材本身纹理与颜色带出古典雅致的风格。

◈ **施工细节。** 抽屉门扇或是书桌立墙，都看得到线板元素，除了符合整体风格也让书桌更具味道。

◈ **尺寸建议。** 沿着中柱而生的长约 300 厘米的长方形桌子与架高地板，则让空间有了公私的分界。

◈ **施工细节。** 所有隔断敲除，利用原始空间正中间的一根柱子与十字梁，水平生长成一张长条桌子，来架构整个空间，并满足各种生活需要。

493
独特书桌立墙轻松区分使用功能

卧房空间特别定制了一套书桌家具，白色线板作为书桌立墙，除了清楚界定使用环境之外，同时成为家具的一部分，有效做到呼应整体风格，也让书桌家具充满自身特色。

图片提供：丰聚室内装修设计

494
一张桌子串联生活所有功能

一个不到 70 平方米的小空间，顺着既有的十字梁与中柱来设计，隐含了空间分为四区的本质与秩序。于是一张桌子，可以是界定客厅、厨房的矮墙；可以是客厅沙发的靠背，也可以是可供用餐的餐桌；是书房阅读的书桌，也是梳妆台；更是架构、区隔整个房子的元件与视线焦点的中心。

图片提供：尤哒唯建筑师事务所

【桌】

家具

495
柜体结合书桌床头，连成一体

将衣柜、书桌、床头设计整合在一起，形成串联的桌体设计，让使用台面加长延伸，无论是阅读、工作或在床头摆放展示小物都可以，在一道台面上制造了不同的使用主题，并打造睡前阅读的方便动线。

图片提供：近境制作

496
以图案设计打造古典风格

业主希望能在卧房隔出梳妆区，因此设计师在维持原有空间的开放感前提下，利用床头背板在衣柜与床铺之间隔出一个多功能梳妆区，床头背板设计元素延续衣柜图案，体现古典风格，材质则选用大理石银弧和印度黑，呼应主卧风格同时又不失大气。

图片提供：邑舍设计

◉ 材质使用。柜体与桌体的木皮纹理呈直线与水平方向，展现不同的线条美，佐以百叶窗引进的光影线条，彰显线性的艺术。

◉ 尺寸建议。考虑到床头背板后方为梳妆区，床头背板高度做至约 100 厘米，让业主靠卧床头时不需担心头部有悬空问题。

497

◎ **材质使用。** 泡脚池桶身采用桧木实木打造而成，板材约有 4 厘米厚，下方瓷砖部分还要做出特别的泄水坡度，需要师傅现场施工。

🖊 **尺寸建议。** 泡脚池宽约 86 厘米，上方分为大小两个盖子，可经由小圆孔分别拿起，小盖子设定为托盘使用，大盖子则能变身为桌面。

◎ **材质使用。** 人造石加枫香木作柜体，视不同需求将收纳功能一并纳入。

🖊 **尺寸建议。** 由于洗手台与化妆台高度相同，于是做长约 160 厘米的台面将两者串联，仅另加洗手台，满足功能需求。

497

私人泡脚池，盖子还能当桌面

灵感来自于男主人从外面泡脚回来的一个想法，碰巧在卧榻旁边，原始格局就是降板浴缸，所以能顺势沿用现成的管线，家用泡脚池便就此诞生。池子上方使用大小两片桧木实木板材作为盖子，行走踩踏都没问题，打开时还能当作桌面；龙头亦藏在靠墙层板下方，没有踢到受伤的隐患。

图片提供：馥阁设计

498

化妆台兼书桌与洗手台串联

由于浴室已做干湿分离，因此将主卧浴室的洗手台与化妆台串联，透过玻璃隔断区隔，不但满足功能要求，更增加空间使用面积，是化妆台也可以是主卧的书桌。

图片提供：尤哒唯建筑师事务所

【桌】

家具

499

◎ **五金选用。** 沿卧榻两侧的下缘埋入轨道，并于茶几下方安装轮胎，使茶几可随意地左右移动。轨道可依情况上油保养，以利于轮胎滑行。

◎ **材质使用。** 使用浅色系的栓木包覆柜体及桌子，但把手槽及展示架需染黑处理，让线条更简洁。

◎ **尺寸建议。** 化妆台宽约 60 厘米、长约 180 厘米，嵌入衣柜。45度抽屉把手简化家具线条。

499
打造品茗赏景的舒适空间

客厅两面采光，大面积的落地窗引进自然美景，为了享受这片美好绿意，沿窗打造卧榻以及活动式的茶几，营造与家人一同品茗对饮的悠然气氛。而沙发、桌几也选择较为低矮的尺寸，平衡整体视觉，并采用大量的天然木料，使空间更为质朴静谧。
图片提供：大雄设计

500
整合浴室、化妆桌

主卧在临窗的位置，用原先两小房的位置，规划成一个有独立浴室、更衣室的大套房；化妆桌设计为嵌入衣柜，并在桌面中间设计可上掀的化妆镜。
图片提供：尤哒唯建筑师事务所

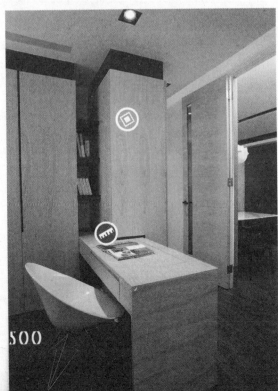

500

《设计师不传的私房秘技：一物多用空间设计500》

中文（简体）版©2017天津凤凰空间文化传媒有限公司
本书经由厦门凌零图书策划有限公司代理，经台湾城邦文化事业股份有限公司麦浩斯出版事业部授权，授予天津凤凰空间文化传媒有限公司中文（简体）版权，非经书面同意，不得以任何形式任意重制、转载。本著作仅限中国大陆地区发行。

版权合同登记号/14-2017-0481

图书在版编目（CIP）数据

打造理想的家. 一物多用空间设计 / 漂亮家居编辑部著. —— 南昌：江西科学技术出版社，2018.2
　　ISBN　978-7-5390-6100-9

　Ⅰ．①打… Ⅱ．①漂… Ⅲ．①室内装饰设计 Ⅳ．
①TU238

中国版本图书馆CIP数据核字(2017)第245957号

国际互联网（Internet）	责任编辑 魏栋伟
地址:http://www.jxkjcbs.com	特约编辑 王雨晨
选题序号: ZK2017290	项目策划 凤凰空间
图书代码: B17095-101	售后热线 022-87893668

打造理想的家　　一物多用空间设计　　　　漂亮家居编辑部　　著

出版 发行	江西科学技术出版社
社址	南昌市蓼洲街2号附1号
	邮编：330009　电话：(0791)86623491　86639342(传真)
印刷	北京博海升彩色印刷有限公司
经销	各地新华书店
开本	710 mm×1 000 mm　1／16
字数	205千字
印张	16
版次	2018年2月第1版　　2024年1月第2次印刷
书号	ISBN 978-7-5390-6100-9
定价	76.00元

赣版权登字-03-2017-367